U0730834

"海底世界科普讲堂"丛书

海底世界

科普讲堂 🎤 QINGDAO

UNDERWATER WORLD POP-SCIENCE

世界

★ 高级教程 ★

王士莉 杨爱国 李 迪 等
◎ 主 编

王东哲
◎ 执行主编

中国海洋大学出版社
·青岛·

图书在版编目（CIP）数据

海底世界科普讲堂. 高级教程 / 王士莉等主编. —青
岛：中国海洋大学出版社，2020.11

（海底世界科普讲堂 / 王士莉总主编）
ISBN 978-7-5670-2643-8

Ⅰ. ①海… Ⅱ. ①王… Ⅲ. ①海洋生物—少儿读
物 Ⅳ. ①Q178.53-49

中国版本图书馆CIP数据核字（2020）第227516号

海底世界科普讲堂　高级教程

HAIDI SHIJIE KEPU JIANGTANG　GAOJI JIAOCHENG

出版发行	中国海洋大学出版社	
社　　址	青岛市香港东路23号　邮政编码	266071
出 版 人	杨立敏	
网　　址	http://pub.ouc.edu.cn	
订购电话	0532-82032573	
责任编辑	姜佳君	
电子信箱	j.jiajun@outlook.com	
印　　制	青岛国彩印刷股份有限公司	
版　　次	2020年11月第1版	
印　　次	2020年11月第1次印刷	
成品尺寸	185 mm × 260 mm	
印　　张	6.625	
字　　数	91千	
印　　数	1～3700	
定　　价	36.80元	

如有印装质量问题，请与印厂联系调换，电话：0532-58700168

前言

　　海洋大约占据了地球表面的71%，是全球生命支持系统的一个基本组成部分，是资源的宝库，也是气候的重要调节器。人类社会的发展必然会越来越多地依赖海洋。21世纪是"海洋的世纪"，发展海洋事业已成为全世界的广泛共识。"向海则兴，背海则衰"更成为各国海洋事业发展的一条基本准则。

　　我国是发展中的沿海大国，十分重视海洋的保护和开发，已经将发展海洋事业作为国家发展战略，加强海洋综合管理，不断完善海洋法律法规，积极发展海洋科学技术和教育。作为我国重要的沿海城市，青岛积极参与国家级、省级的海洋事务，推进地区性海洋领域的合作，并认真履行自己承担的义务，为国家乃至世界海洋开发和保护事业做出了积极贡献。

　　青岛海底世界是国家级、省级、市级海洋科普重点单位，致力于青少年的海洋科普教育，于2007年5月31日成立了国内首个海底世界科普讲堂，开设了初级班、高级班、小博士班3个阶段的课程。本书作为青岛海底世界科

普讲堂高级班的参考书，内容上承接初级班课程并有所深入，在实验操作方面对孩子们提出更专业的要求。希望能让孩子们对海洋知识有更加深刻的理解，让孩子们持续关注海洋、热爱海洋。

受作者水平所限，本书难免有疏漏之处，请读者批评指正。

目录 CONTENTS

第一单元 海 洋

　　海洋深邃而广袤，魅力无边。经历了亿万年的沧海桑田，它才呈现出今天的面貌。深逾万米的马里亚纳海沟、景色壮美的火山小岛，是海底板块运动的见证；几百摄氏度高温的海底热泉周围，依然有生命存在；海底蕴藏着的无尽宝藏，在等待着人们去探索、去开发。

　　海洋是人类熟悉而又陌生的地方。浩瀚的宇宙中，已知只有地球上有海洋、有人类的存在。也许，正是有了海洋，才会有生命，才会有人类。海洋是我们的蓝色家园，我们要怀着敬畏之心去了解海洋、探索海洋、保护海洋。

第一课　海和洋

海洋是地球表面连成一片的海和洋的统称。海洋的中心部分称作洋，边缘部分称作海，两者彼此沟通组成统一的水体。海洋约占地球表面积的71%。

一　海

海临近大陆，深度比较浅，从几米到二三千米。受大陆、河流、气候和季节的影响，海水的温度、盐度、颜色和透明度会有明显的变化。夏季海水温度升高；冬季海水温度降低，有的海域还会结冰。在大河入海的地方或多雨的季节，海水的盐度会降低。河流夹带着泥沙入海，因此近岸海水通常透明度较低。

1. 大陆架

大陆架是大陆向海洋的自然延伸。大陆架区域的浅海为海洋生物的生长、繁殖提供了充足的资源。世界的海洋渔场大部分位于大陆架海区，如我国的舟山渔场。

2. 陆间海

陆间海指被陆地环绕、形似湖泊但具有海洋性质的海。陆间海一般仅以较窄的海峡与大洋相连。世界上最大的陆间海是地中海，它与大西洋之间的直布罗陀海峡，最窄处仅14.3千米。

3. 内海

内海指深入大陆内部，仅通过狭窄水道与大洋或边缘海相通，四周被大陆内部、半岛、岛屿或群岛包围的海。山东半岛与辽东半岛之间的渤海是我国的内海。

4. 海湾

海湾通常三面环陆，一面为海，海岸线呈U形、圆弧形等。通常以湾口附近两个对应海角的连线作为海湾最外部的界线。我国面积较大的海湾有辽东湾、渤海湾、莱州湾、杭州湾、北部湾等。

5. 海峡

海峡指两块陆地之间连接海或洋的较狭窄的水道。它一般深度较大，水流较急。我国自北向南有3条海峡：渤海海峡、台湾海峡、琼州海峡。渤海海峡沟通渤海和黄海，台湾海峡沟通东海和南海，琼州海峡沟通北部湾和珠江口外的水域。

二 洋

洋是海洋的中心部分，是海洋的主体。世界大洋的总面积约占海洋面积的90%。大洋的水深一般在3 000米以上，最深处可达1万多米。大洋离陆地遥远，极少受陆地的影响，水温和盐度的变化不大。世界共有4个洋，即太平洋、大西洋、印度洋、北冰洋。

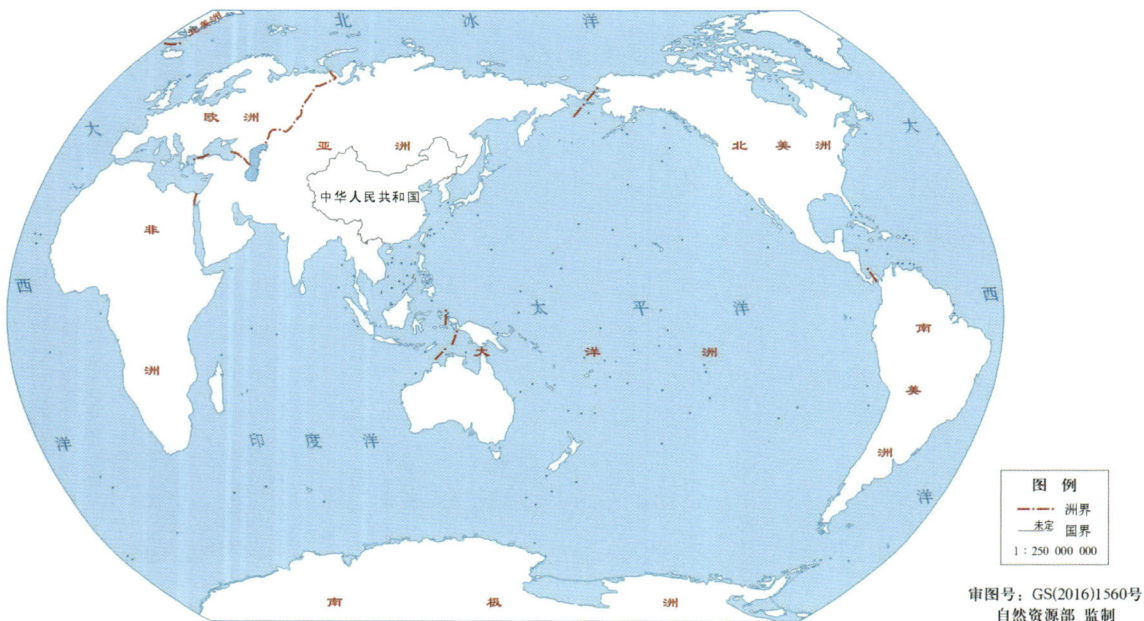

世界地图

1. 太平洋

　　地球表面的海洋面积约为3.61亿平方千米，其中太平洋占45%以上，是地球表面积的约1/3。太平洋最北与白令海相接，最南到达罗斯海，东临哥伦比亚，西至印度尼西亚。太平洋的最深处位于马里亚纳海沟的挑战者深渊，有测量数据显示这里的深度达11 034米。世界上最深的7条海沟都位于太平洋，其中6条深度超过万米。太平洋海水容量居四大洋之首。

知识拓展　太平洋名称的由来

　　太平洋曾被称为"南边的海"。1519年，葡萄牙著名的航海家、探险家麦哲伦率船队进行环球航行。船队在南美洲最南端的合恩角遭遇了惊涛骇浪，但之后便是一片风平浪静。麦哲伦将这片平静的海域称为太平洋。可惜，麦哲伦没能到达这次航行的终点。1521年，他在菲律宾去世，他的同伴埃尔卡诺指挥船队完成了之后的航行。尽管如此，麦哲伦仍被认为是第一个进行环球航行的人。为了纪念他，直到18世纪，人们还经常将太平洋称作"麦哲伦海"。

合恩角

太平洋大小岛屿众多。其中，大陆岛主要分布在太平洋西部，如菲律宾群岛。澳大利亚东北部的大堡礁是著名的珊瑚岛。太平洋还有不少火山岛，如夏威夷群岛、所罗门群岛。世界上大多数活火山集中在环太平洋火山带。

大堡礁的赫伦岛

太平洋中蕴藏着丰富的资源，尤其是渔业水产和矿产资源。太平洋浅海渔场面积约占世界各大洋浅海渔场总面积的1/2，重要的渔获物有鲱鱼、鲑鱼、沙丁鱼、鲷鱼、金枪鱼、贝类等，渔获量占世界总渔获量的50%以上。我国的舟山渔场、日本北海道渔场、秘鲁渔场、厄瓜多尔渔场等世界著名渔场都位于太平洋。太平洋的矿产资源储量也位居各大洋之首，如煤、铜、石灰石、锡、石油、天然气、锰结核等。我国近海沉积物里的金、锆英石、独居石、铬尖晶石等经济价值极高的砂矿，在火箭、飞机、核潜艇外壳、微电路等的制造中有重要的作用。

2. 大西洋

大西洋是世界第二大洋，位于南美洲、北美洲、欧洲、非洲、南极洲之间，大致呈南北走向的S形。以8°N为界，大西洋又被分为北大西洋和南大西洋。大西洋已知的最大深度为8376米，位于波多黎各海沟。

大西洋资源丰富，盛产鱼类。巴哈马浅滩、爱尔兰海、芬迪湾、安哥拉海域等都拥有著名的渔场。大西洋的海运特别发达，东、西分别经苏伊士运河和巴拿马运河沟通印度洋和太平洋，其货运量占世界海洋货运总量的2/3以上。

知识拓展 台风和飓风的区别

台风和飓风都是热带气旋，但因"产地"不同而被人们冠以不同的名称。在北半球，东太平洋和大西洋生成的中心附近风力达12级的热带气旋称为飓风，而在西太平洋生成的则称为台风。按照相应的划分标准，台风又可分为台风、强台风、超强台风3个级别，飓风分为1级飓风至5级飓风5个级别。例如，2006年8月10日在浙江省苍南县马站镇登陆的"桑美"是超强台风，2006年8月29日登陆美国的"卡特里娜"是5级飓风。

3. 印度洋

印度洋是世界第三大洋，位于亚洲、大洋洲、非洲和南极洲之间，是连接亚洲、大洋洲和非洲的重要通道。印度洋的货运量占世界海洋货运总量的10%以上。其中，石油运输量居于世界首位，世界80%以上的石油海运贸易经过印度洋，40%经过霍尔木兹海峡，35%经过马六甲海峡，8%经过曼德海峡。

知识拓展 **世界著名的海峡**

白令海峡：连接北冰洋和太平洋。

马六甲海峡：连接太平洋和印度洋。

麦哲伦海峡：连接大西洋和太平洋。

直布罗陀海峡：连接地中海和大西洋。

白令海峡的迪奥米德群岛

4. 北冰洋

北冰洋是四大洋中面积最小的，也是平均深度最浅的。它位于地球的最北面，大致以北极为中心，被亚洲、欧洲和北美洲包围。北冰洋海冰的面积和厚度随季节而变化，也受风和洋流的影响而移动，给航运带来较大威胁。

知识拓展　极地两大奇观

　　极地的第一大奇观是极昼、极夜现象。极地每年总有一个时期太阳不落到地平线以下，一天24小时都是白天，这种现象叫作极昼；每年也总有一个时期太阳一直在地平线以下，一天24小时都是黑夜，这种现象叫作极夜。

挪威的极昼

　　极地的第二大奇观是极光。极光是高纬度地区高空中出现的一种光的现象，由太阳发出的高速带电粒子到达两极附近，激发高空大气中的原子和分子而引起。极光颜色多变，有白色、黄绿色、红色、灰色、紫色、蓝色等；形状多样，有弧状、带状、幕状、放射状等。

极　光

三 课后思考

（1）霍尔木兹海峡连接那两个海湾?

（2）我国近海自北向南有哪几大海域?

（3）青岛的"母亲湾"是哪一个海湾?

第二课　海洋环境问题

　　人类的生存离不开海洋。随着科学技术的发展，人类开发海洋资源的规模越来越大，对海洋的依赖程度越来越高，人类对海洋环境的影响也越来越大，造成了很多海洋环境问题。

一　海洋环境污染

1. 陆源污染物污染

　　人类在陆地生产、生活所产生的废弃物扩散到大气中、被排放到河流里，通过大气循环、水循环等途径进入海洋。还有的废弃物被直接排放到海洋，给海洋环境尤其是近岸海域环境带来严重危害，甚至危害人体健康。

　　关于陆源污染物危害海洋环境的最著名的案例，就是20世纪50年代发生于日本熊本县水俣市的水俣病事件。含有机汞的工业废水持续排入水俣湾，有机汞通过食物链富集。沿海居民食用了含有毒素的鱼类、贝类等，出现疾病症状，甚至死亡。

2011年3月，受地震影响，日本福岛核电站发生放射性物质泄漏事故，大量含放射性物质的高温海水给福岛近海海洋生物带来巨大的灾难。到2017年，福岛以东及东南方向的西太平洋仍受到2011年福岛核泄漏事故的影响，海水中的铯-137明显超出核事故之前的水平，仍能检出核事故特征核素铯-134。

海洋垃圾污染越来越引起人们的重视。海洋垃圾主要存在于旅游休闲娱乐区、农渔业区、港口航运区及邻近海域。我们常常能看到海面、海滩的垃圾，在海底发现垃圾也早已不是新鲜事。

在垃圾中觅食的海鸟

知识拓展　海洋微塑料污染

海洋微塑料是指海洋环境中长度小于5毫米的塑料废弃物。它们来源广泛，如化妆品、衣服、工业生产过程等。我们生活中使用的较大的塑料制品如饮料瓶、塑料袋等降解之后也会形成微塑料。这些微塑料被排放到海洋，通过食物链在生物间传递，最终进入人体。虽然尚未证实微塑料对人体健康的危害，但微塑料污染已引起人们的警惕，许多国家已采取措施，从源头控制一次性塑料制品的使用。

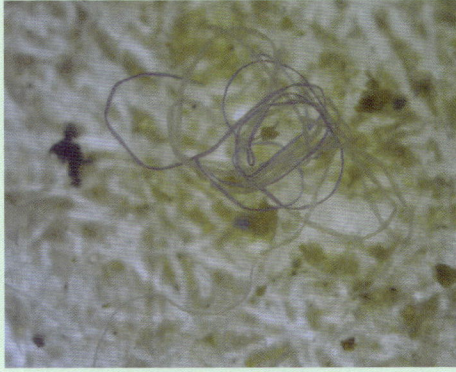

海洋中的微塑料纤维

2. 海上石油污染

石油的密度小，且不溶于水。一旦发生海上溢油事故，石油就会久久漂浮在海面上，既阻碍了水和空气之间的氧气交换，其降解过程又消耗了海水中大量的溶解氧，造成海水严重缺氧，海洋生物易窒息死亡。

2010年4月发生的"深水地平线"事故是近20年最严重的海上溢油事故。在钻井平台爆炸后的3周里，每天有大约21万加仑原油流入墨西哥湾。不到20天，浮油面积已扩大至2万平方千米。这次溢油事故给墨西哥湾的海洋生态环境带来毁灭性的打击，导致无数生物死亡。

被石油覆盖的海鸟

二 海洋生态破坏

1. 气候变暖

全球气候变暖是由温度升高引起的大尺度气候变化。自工业革命以来，人类活动如焚烧化石燃料、畜牧等大量排放温室气体，使气候变暖加速。全球气候变暖会导致海水温度升高、全球降水量重新分配、冰川和冻土消融，进而海平面上升，破坏自然生态系统的平衡，威胁生物的生存。

全球气候变暖威胁北极熊的生存

2. 海洋酸化

人类活动排放的二氧化碳中，30%～40%被海水、河流和湖泊溶解。天然海水呈碱性，而过多二氧化碳的溶解会导致海洋酸化。海洋酸化正在不断加剧。科学家估计，按目前的速度发展，到2100年，海洋酸度将升高150%，这是过去40万年里都没有出现过的。海洋酸化最先使海水表层酸度升高，直接影响浮游藻类的生存。此外，海洋酸化对含钙质外壳的海洋生物如贝类、珊瑚虫等的影响尤为明显。

3. 过度捕捞

人类自古就开始的捕鱼活动，到今天已几乎被大规模的工业化渔业生产取代了。人类对海洋的索取越来越多，当人类的索取超过了海洋能够负载的限度时，海洋的渔业资源就开始逐渐萎缩。随着世界人口的急剧增长，世界渔业的发展速度加快，很多渔区出现了资源衰竭的现象，许多物种正走向灭绝。

在海上作业的渔船

人类捕鲸已有1 000多年的历史。到16世纪，捕鲸业已成为西班牙、法国等国家的主要产业。持续的捕鲸活动几乎给鲸类带来了灭顶之灾。科学家估计，黑露脊鲸资源量的90%已被捕鲸业破坏。

捕鲸船

过度捕捞也给鲨鱼带来巨大的生存压力，每年大约有100万条鲨鱼被捕杀。一些人对鱼翅的狂热导致大量鲨鱼被割下鳍之后丢弃到海里，无助地死去。

人类捕捞的鲨鱼

4. 海岸带被破坏

海岸带孕育着丰富的海涂、石油、潮汐能、波浪能、湿地等资源，河口水域是许多海洋生物的生长、繁育场所，红树林是多种动物的重要栖息地，因此海岸带具有极高的经济和生态价值。不合理的海岸工程是海岸带被破坏的主要原因，海平面上升等因素又加剧了海岸侵蚀。

知识拓展　红树林

红树林是分布在热带、亚热带淤泥质海滩，以红树植物为主体的常绿乔木或灌木组成的木本植物群落。红树林为海洋生物提供良好的生长环境，物种多样性高，生物资源丰富。同时，红树林具有重要的生态效益，能防风消浪、促淤保滩、固岸护堤、净化海水和空气。围海造地、围海养殖、砍伐等人为因素是红树林面积减少的主要原因。

红树林

5. 生物入侵

生物入侵是外来物种在新分布区适宜的环境和缺少天敌的条件下，得以迅速繁殖，扩大分布区，并对当地自然、社会和经济产生威胁的生态过程。入侵物种往往具有生态适应能力强、繁殖能力强等特点，会迅速占用被入侵生态系统的大量资源，挤占其他生物的生态位，打破生态平衡。例如，被称为狮子鱼的蓑鲉在美国东部沿海和加勒比海是典型的入侵物种。它们善于捕食，繁殖能力强，而且倚仗着带毒的鳍棘，几乎没有什么天敌，对当地珊瑚礁生态系统构成了极大的威胁。

蓑　鲉

三　课后思考

(1) 我国海洋伏季休渔制度的目的是什么？

(2) 为什么说鱼翅的营养价值并不高？

(3) 全球气候变暖对我们的生活有什么影响？

第二单元　保护濒危野生动物

　　不断恶化的海洋环境使许多野生动物失去了赖以生存的家园。我们应当认识到，这些野生动物在地球生态系统中占有重要地位。为了我们这一代和今后的世世代代，你我必须行动起来，保护野生动物。

第一课　濒危野生动物概况

物种灭绝本是正常的自然现象，物种灭绝和物种形成的速率也是平衡的。但是，随着人类经济社会的高速发展，这种平衡遭到了破坏，物种灭绝的速度不断加快，许多物种正在以前所未有的速度从地球上消失。目前，世界上几乎每天都有一种生物灭绝。科学家估计，现存物种的50%可能不到2100年就会灭绝。

一　濒危野生动物的定义

濒危野生动物是指由于物种自身的原因或受到人类活动或自然灾害的影响而有灭绝危险的野生动物物种。

濒危野生动物的种群已经减少到勉强可以繁殖后代的地步，其地理分布狭窄，仅仅出现在有限的、脆弱的环境中。如果不利因素继续存在，物种便会很快灭绝。野生动物的濒危处境，多是人类的过度开发利用和对其生境的破坏造成的。濒危野生动物是许多国际公约和《中华人民共和国野生动物保护法》明确要保护的野生动物，危害濒危野生动物的人将受到法律的严惩。

二　有关国际公约和组织

1.《濒危野生动植物种国际贸易公约》（CITES）

CITES的全称为 *The Convention on International Trade in Endangered Species of Wild Fauna and Flora*，是一个政府间国际公约，旨在保证国际贸易不威胁野生动植物种的生存。CITES于1975年7月1日正式生效；截至

2017年2月，共有183个缔约方。我国于1981年加入该公约。

CITES将约36 000个物种分别列入附录Ⅰ、附录Ⅱ和附录Ⅲ，管控其国际贸易，其中在我国有分布的约2 200种。附录Ⅰ的物种包括所有受到和可能受到贸易影响而有灭绝危险的物种；附录Ⅱ的物种是那些除非其国际贸易受到严格控制，否则其生存将会受到威胁的物种；附录Ⅲ的物种包括任何一个公约缔约方认为属其管辖范围内，应进行管理以防止或限制开发利用，而需要其他缔约方合作控制贸易的物种。

CITES的精神在于管制而非完全禁止野生物种的国际贸易，采用物种分级与许可证的方式，以达成野生物种市场的永续利用。各缔约方CITES科学机构可以向CITES大会提出将某个物种列入CITES管制物种名录，也可以提出将某个物种从CITES管制物种名录中剔除。但是，这些提案必须获得CITES多数缔约方的同意。

2. 世界自然保护联盟（IUCN）

IUCN的全称为International Union for Conservation of Nature and Natural Resources，是世界上规模最大、历史最悠久的全球性非营利环保机构，也是自然环境保护与可持续发展领域唯一作为联合国大会永久观察员的国际组织。1948年，IUCN在法国枫丹白露成立。我国于1996年成为IUCN成员；2012年，IUCN中国代表处正式设立。

IUCN每年评估数以千计物种的灭绝风险，将物种编入9个保护级别：灭绝（EX）、野外灭绝（EW）、极危（CR）、濒危（EN）、易危（VU）、近危（NT）、低危（LC）、数据缺乏（DD）、未评估（NE）。

三 海洋中的濒危野生动物

根据CITES附录和IUCN的评估结果，不少海洋生物正面临着灭绝的危险，其中较有代表性的物种有儒艮、宽吻海豚、鹦鹉螺、红珊瑚等。

代表种　儒艮

儒艮现存一种，主要分布于西太平洋及印度洋，喜欢生活在水质良好、水生植物繁茂的海域，需要定时浮出海面换气。因雌性儒艮有怀抱幼崽于水面哺乳的习惯，故儒艮在古时候被误认为"美人鱼"。

自4 000年前起，人类便开始捕杀儒艮，现今儒艮已极为稀少。儒艮被列入CITES附录Ⅰ，被IUCN评估为VU。

代表种　宽吻海豚

宽吻海豚指宽吻海豚属的物种，现存3种，主要分布在温带和热带海域。它们会使用工具获取食物，喜欢与人类互动。在一些地区，渔民训练宽吻海豚参与捕鱼，它们能将鱼群赶到渔网中。然而，宽吻海豚遭到人类的大量猎杀，也时常误入渔网而死。宽吻海豚中的2种被列入CITES附录Ⅱ。

代表种　鹦鹉螺

　　鹦鹉螺已经在地球上经历了数亿年的演变，但外形、习性等变化很小，被称作海洋中的"活化石"，在生物进化和古生物学研究等方面有很高的价值。科学家估计，现存的鹦鹉螺可能只有6种。这6种均被列入CITES附录Ⅱ。

代表种　红珊瑚

　　红珊瑚是红珊瑚属31种动物的统称，它们通常生活在光线微弱的海底环境中。红珊瑚有悠久的贸易历史，被人们制成精美的首饰和雕塑等。气候变化也加速了红珊瑚资源的衰竭。红珊瑚已被列入CITES附录Ⅲ。

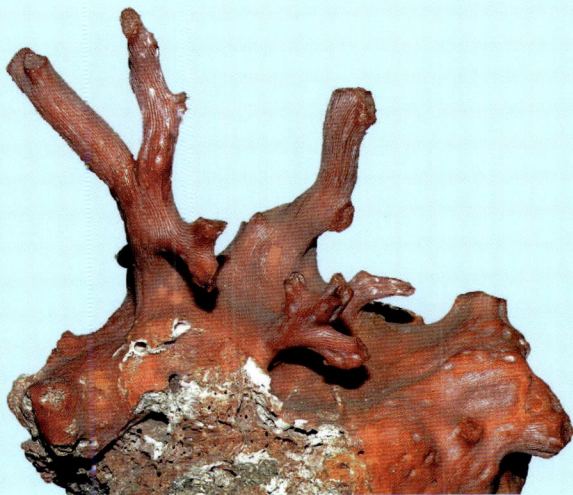

代表种　砗磲

砗磲是砗磲属物种的统称，现存约10种，大多生活于印度洋和太平洋浅海的珊瑚礁间。海洋污染和人类的捕捞使砗磲数量越来越少。砗磲被列入CITES附录Ⅱ，库氏砗磲、罗氏砗磲、魔鬼砗磲、扇砗磲等被IUCN评估为VU。

代表种　虎鲸

虎鲸属于齿鲸，是海豚科物种中较大的一种。它们性情凶猛，善于捕猎，是企鹅、海豚、海豹等动物的天敌，有时甚至袭击鲨鱼，称得上"海上霸王"。20世纪60年代，水族馆虎鲸表演兴起，促使人们大量捕捉虎鲸。现今，日本、印度尼西亚等地的捕鲸者仍在捕捉虎鲸，虽然捕捉量少，但对当地虎鲸种群造成了相当大的影响。虎鲸已被列入CITES附录Ⅱ。

第二课　我国的野生动物保护工作

　　我国丰富的自然地理环境孕育了众多野生动物，是世界上野生动物种类较为丰富的国家之一。许多野生动物是我国特有的或主要产于我国的珍稀物种，如大熊猫、金丝猴、朱鹮、扬子鳄等，还有许多是国际重要的迁徙物种以及具有经济、药用、观赏或科学研究价值的物种。这些珍贵的野生动物资源是人类宝贵的自然财富。

　　野生动物保护事业的发展程度是当前衡量一个国家科学文化和精神文明程度的重要标志之一，已经成为国际文化交流的一项重要内容。

一 我国野生动物保护工作概况

我国成为CITES缔约方之后，设立了中华人民共和国濒危物种科学委员会，以及时掌握我国野生动植物资源的现状，监测野生动植物的国际贸易，在保证野生动植物资源可持续利用的前提下，管制那些"经济灭绝"物种的大规模开发和国际贸易。

1989年3月1日，我国开始施行《中华人民共和国野生动物保护法》，旨在保护野生动物，拯救珍贵、濒危野生动物，维护生物多样性和生态平衡，推进生态文明建设。

1989年，我国发布《国家重点保护野生动物名录》，明确了国家一级和二级重点保护野生动物，并在2020年做出重要调整，征求公众对修订方案的意见。

20世纪50年代以来，我国野生动物保护区建设取得较大进展，为珍稀野生动物提供了良好的栖息地。较为著名的野生动物保护区有卧龙自然保护区、大连斑海豹自然保护区、惠东海龟自然保护区、厦门珍稀海洋物种自然保护区等。

二 我国的珍稀水生动物

《国家重点保护野生动物名录》收录多种水生动物，如中华鲟、达氏鲟、中华白海豚、海狮、海龟等。以下仅选取几种简单介绍。

代表种　中华白海豚

中华白海豚是国家一级重点保护野生动物。受到栖息地面积缩小、环境污染和捕捞等多重威胁，中华白海豚的种群数量不断减少，现已被列入CITES附录Ⅰ，被IUCN评估为VU。

代表种　中华鲟

中华鲟是国家一级重点保护野生动物，有"水中大熊猫"之称，因栖息地丧失和过度捕捞而面临灭绝危险。中华鲟被列入CITES附录Ⅱ，被IUCN评估为CR。

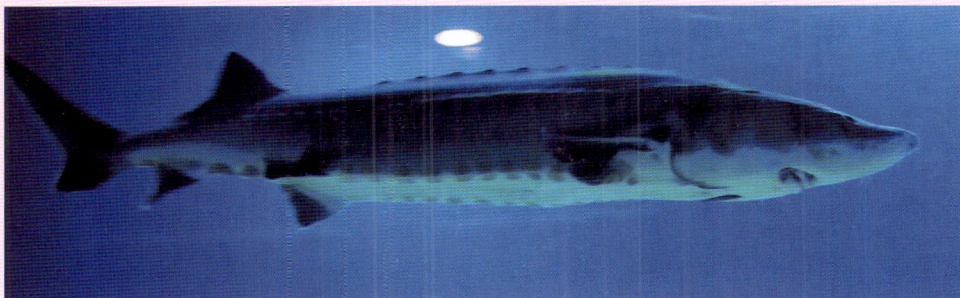

代表种 **长江江豚**

长江江豚是江豚属窄脊江豚的一个亚种，主要分布于我国长江流域，其生存受到渔业的严重威胁。自白鱀豚功能性灭绝之后，长江江豚的处境在我国引起重视，被列为国家一级重点保护野生动物。窄脊江豚被列入CITES 附录Ⅰ，长江江豚被IUCN评估为CR。

三 青岛海底世界的濒危野生动物

青岛海底世界自建立以来，通过渔政救护，共引进3种濒危野生动物，分别是小齿锯鳐、绿海龟和玳瑁。我们为这3种濒危野生动物建立了物种登记表，翔实记录它们的来源、生物学资料等，并为它们提供了舒适的生活条件。

小齿锯鳐为锯鳐科锯鳐属的物种，分布于热带、亚热带近岸海域。由于栖息地面积减少和人类频繁的渔业活动，小齿锯鳐的种群数量锐减，被列入CITES 附录Ⅰ，被IUCN评估为CR。

青岛海底世界的小齿锯鳐

在我国海域生活的5种海龟均被列入《国家重点保护野生动物名录》。青岛海底世界有2种海龟，即绿海龟和玳瑁，都是通过渔政救护所得，目前饲养在2 200吨主池水体内。我们将在第五单元具体介绍与海龟有关的知识。

青岛海底世界的绿海龟

青岛海底世界的玳瑁

第三单元　饲养水环境的水质指标

目前青岛海底世界有动物15 000余只，我们根据这些动物的食性、生存空间、兼容性等特点将它们分别饲养在不同的水族箱里，不同大小、形态各异的动物带给游客极度舒适的观赏体验。所有成功的饲养范例都离不开最关键的一个环节——良好的饲养水环境。

动物饲养水环境是一个非常复杂的体系。各类饲养动物与水体中的浮游生物以及各种水质条件相互制约、相互影响，其中，饲养水环境水质条件是重中之重，影响着水生动物的生存和生长。唯有饲养水的水质达到要求，水族馆的各项饲养工作才能有条不紊地开展下去。在本单元，我们将介绍饲养水环境的几个主要水质指标。

第一课　温度、盐度、酸碱度

水族馆动物饲养水环境水质指标中的温度、盐度、酸碱度是物理水质指标。这3种指标简单易懂，也是我们日常家庭养鱼中最常用到的指标。

一 温度

海洋生物对水温的变化较敏感，对水温的要求高。许多海洋生物属于狭温性生物。天然海水的日温差较小，为了让海洋生物能在人工环境中正常生活，保持水族箱水温稳定是重要前提。通常情况下，水族箱中的海水日温差应控制在1℃左右。

水族馆常用到数字温度计、煤油温度计和水银温度计。

1. 数字温度计

数字温度计的优点是能够持续监测水族箱表层水和底层水的水温，这样有利于日常巡检人员及时对水族箱水温的变化做出反应。它的缺点是测量的温度数值不够准确，并且在断电时无法使用。

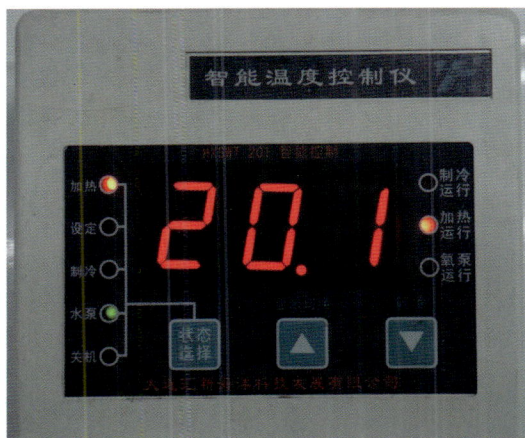

数字温度计

2. 煤油温度计

煤油温度计主要用于测定气体环境的温度。它的量程大，读数稳定、精确；缺点是不能测定水体温度，而且易碎。

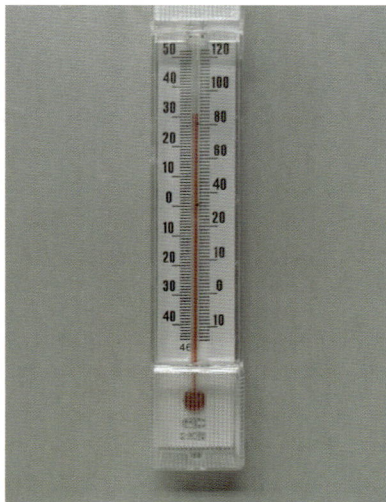

煤油温度计

3. 水银温度计

水银温度计主要用于测定水体温度。它的优点是测量精准，方便携带；缺点是只能测表层水的温度，而且易碎，碎后泄漏的水银有一定的毒性。

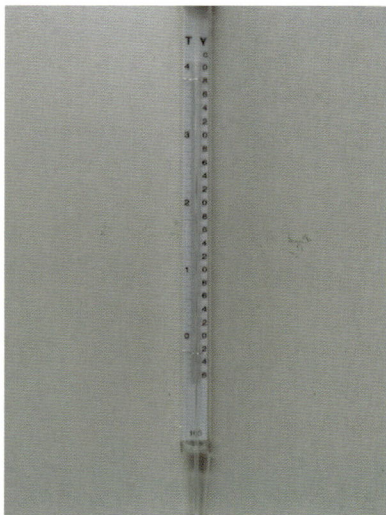

水银温度计

二　盐度

盐度是衡量海水含盐量的指标，可以简单理解为每1千克海水中溶解的无机盐的克数。不同地域、不同水温的海水，盐度是不同的。自然环境中，海水盐度的变化范围是28～34。青岛近海海水的盐度在33左右。盐度计是测定盐度的工具。

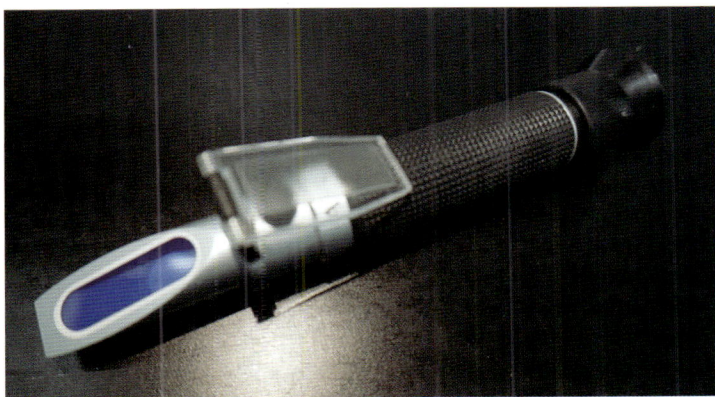

盐度计

水族馆饲养各种海洋动物所使用的海水有2个来源，一是天然海水，一是人工海水。天然海水适合于靠近海边的水族馆使用。天然海水中存在较多杂质，进入水族箱前必须经过沉淀、过滤、消毒等处理。人工海水是用人工海盐配制而成的。它的优点是使用方便、质量可靠，可以避免病原微生物的危害；不足之处在于所有成分都是人工添加的，其种类、含量与自然海水存在差异，可能会对海洋动物产生一定的负面影响。

三　酸碱度

酸碱度指水中氢离子的浓度，一般用"pH"来表示。当pH<7时，水体为酸性；pH=7时，水体为中性；pH>7时，水体为碱性。

天然海水通常偏碱性，pH为7.9～8.4。水族箱中的海水pH应维持在

8.0～8.3，这样才不至于使海洋动物健康受损。我们可以使用台式pH计快捷地测定水体的pH。

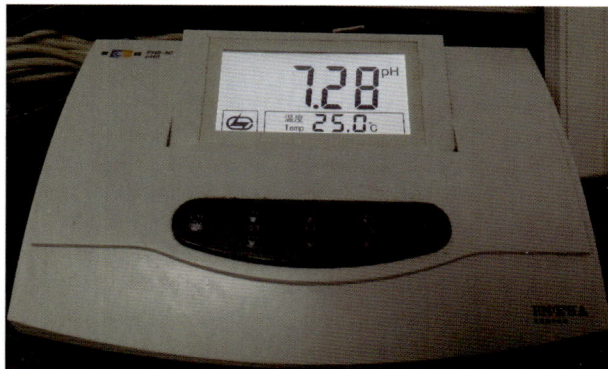

台式pH计

四 实 验

测海水的温度、盐度和酸碱度

1. 实验目的

学会测定海水的温度、盐度和酸碱度，了解天然海水盐度、酸碱度的大致范围。

2. 实验要求

明确测定饲养水体温度、盐度、酸碱度的意义，掌握测定水样的温度、盐度和酸碱度的方法。

3. 实验材料

盛有天然海水的烧杯、盛有水族箱水样的烧杯、水银温度计、盐度计、台式pH计、滴管、滤纸、蒸馏水等。

4. 实验步骤

（1）听老师讲解水银温度计、盐度计、台式pH计的使用方法。

（2）使用水银温度计、盐度计、台式pH计分别测定天然海水和水族箱水样的温度、盐度和酸碱度，并做记录。

（3）比较天然海水和水族箱水样的数据，做出简单分析。

5. 注意事项

（1）使用水银温度计时，要将温度计玻璃泡在水中放置30秒左右，确保读数准确。

（2）使用盐度计时，将海水滴附于接物镜上，轻轻盖上聚光板，避免出现气泡。读数结束后，用蒸馏水将接物镜冲洗干净并用滤纸擦干。

（3）使用台式pH计前30分钟，应开机预热。台式pH计探头为玻璃材质，使用时应小心，避免损坏探头。测定结束后，用蒸馏水清洗探头，擦干，放回原处。

（4）实验时要有严谨的态度，遵守纪律，规范操作。

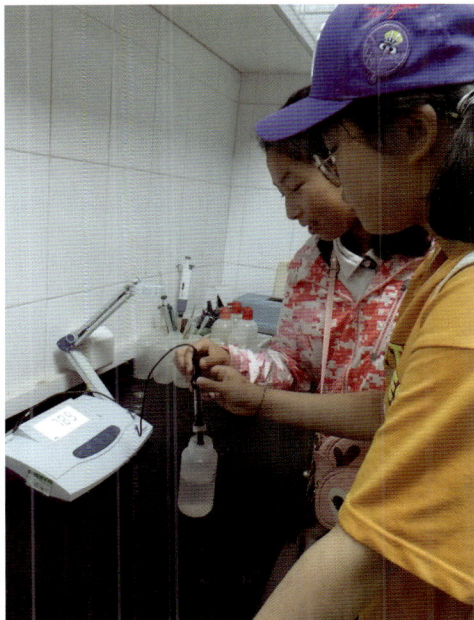

学生使用台式pH计

五　课后思考

（1）台式pH计的探头保护液有什么作用？

（2）测海水盐度时，为什么聚光板下不能有气泡？

（3）摄氏度和华氏度的换算公式是什么？

第二课　光照、溶解氧

阳光是维持地球生命的重要资源之一。许多海洋生物的生存也离不开阳光，比如，虫黄藻需要阳光来进行光合作用，为自己和珊瑚虫制造足够的养分。溶解氧是海洋需氧生物生存不可缺少的条件。控制光照和测定水体溶解氧含量，对海洋动物的成功饲养有重要意义。

一　光　照

展出海洋动物时，适宜的光照会使动物体色更加艳丽，更具观赏性。自然光是海洋动物最熟悉的光源，是最佳光照选择。但是，考虑到水族馆有限的建设条件，直接用自然光为水族箱照明往往难度较大。我们可以根据海洋动物在自然环境中所需要的光谱来尽量提供相似波长的光。照明的时间也尽量接近自然状态，每天照明8～12小时。而且要注意先开启室内灯光，再开启水族箱的照明设备；先关闭水族箱的照明设备，再关闭室内灯光。

为达到较高的光照标准，水族馆需要准备多种照明设备，常见的有金属卤素灯、发光二极管（LED）灯、蓝光灯、红光灯。

1. 金属卤素灯

金属卤素灯是全光谱人造光源，最接近太阳光，俗称"人造小太阳"。它发出的光谱大部分是人眼能正常接收和适应的，因此用它照射的水族箱通常比较透亮，对人的视觉来说真实自然。金属卤素灯的耗电量和发热量较大，这是它的致命缺点。

金属卤素灯

2. LED灯

LED灯的发光强度和角度可控，发光效率高，但是在光照均匀度方面有所欠缺。

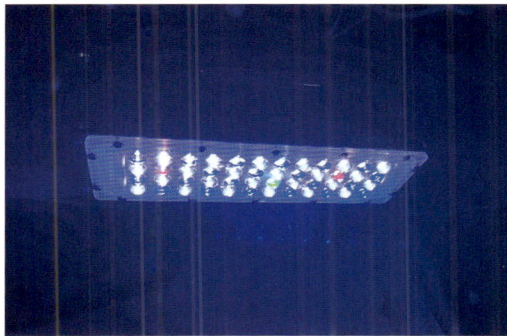

LED灯

3. 蓝光灯、红光灯

蓝光灯、红光灯的波长范围较窄，不会过分惊扰鱼群，主要用于烘托水下"美人鱼"表演的舞台氛围。

蓝光灯

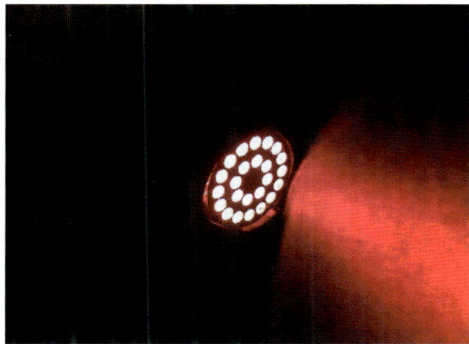

红光灯

35

二 溶解氧

溶解氧是指以分子状态溶解在水中的氧气，通常记作"DO"，其含量常用每升水里氧气的毫克数表示。在水产养殖业中，养殖池中的溶解氧含量不能低于4毫克/升，否则会导致养殖动物呼吸困难，鱼类"浮头"，甚至窒息死亡。

"浮头"现象

溶解氧是反映水体自净能力的一项指标。水体溶解氧被消耗，恢复到初始状态所需的时间越短，说明该水体自净能力越强，或者说明水体污染不严重；否则，说明水体污染严重，自净能力弱，甚至失去自净能力。

1. 溶解氧的特性

水体溶解氧主要有2个来源：一是空气中的氧气溶入水体，二是某些水生生物通过光合作用释放氧气。

在自然情况下，水体溶解氧含量与温度成反比，与大气压成正比。大气压又与天气有关，一般冬季大气压高于夏季，晴天大气压高于阴雨天。基于以上原因，夏季高温及阴雨天气时，要特别注意水体溶解氧含量。

溶解氧与水生生物的数量关系密切。水生植物进行光合作用释放氧气，有增氧作用。水体中异养生物数量越多，耗氧量越大，越容易造成缺氧。当水体受到有机物污染时，耗氧严重，溶解氧若得不到及时补充，水体中的厌氧菌就会很快繁殖，有机物腐败，使水质变差。

不同微生物对溶解氧的需求是不同的。好氧微生物需要充足的溶解氧，一般来说，溶解氧含量应维持在3毫克/升，最低不应低于2毫克/升；兼氧微生物（既能进行有氧呼吸又能进行无氧呼吸的微生物）要求溶解氧含量为0.2～2.0毫克/升；而完全厌氧微生物（只能进行无氧呼吸的微生物）要求溶解氧含量在0.2毫克/升以下。

2. 水产行业提高水体溶解氧的方法

（1）充气。使用充气设备将空气压缩，经气管及气石注入水体，使空气中的氧气分散溶解于水体中。常用的充气设备有适用于小型水体的充气泵、适用于大型水体的罗茨风机等。

充气泵

罗茨风机

（2）开增氧机。使用水车式增氧机可以加速水体流动，提高水体中、下层的溶解氧含量，促进浮游生物的生长繁殖，提高水体自净能力，改善水质和生态环境。

水车式增氧机

（3）换水。新水中耗氧生物少，溶解氧含量相对较高，水质条件较好。应注意的是，换水的比例并非越大越好，换水量过大，生物会不适应。换水量一般控制在水体体积的10%以内。

（4）投放固体氧颗粒。固体氧颗粒一般用在没有充气加氧条件或不能换新水的时候，或在水体缺氧时应急。常用的固体氧颗粒有"鱼氧灵""速氧精"等。

3. 水族馆控制水体溶解氧的方法

水族馆在日常水质调控过程中，保持水族箱水体溶解氧含量的稳定十分重要。在没有突发情况下，工作人员每月至少进行一次水体溶解氧含量的测定。一旦发现水族箱水混浊、动物摄食状态变差或鱼类"浮头"，应优先考虑是缺氧导致，必须尽快测定水体溶解氧含量，通过充气、换水等方法提高水体溶解氧含量。例如，在青岛海底世界，2 200吨主池水体增氧通常使用罗茨风机充气、换水等方法，体积较小的水族箱增氧通常使用充气泵充气、换水等方法。由于青岛海底世界的水族箱内没有大量养殖海藻，所以持续的充气、换水一般不会导致海水溶解氧过饱和问题。

青岛海底世界人工繁殖条纹斑竹鲨的过程中，会在鲨鱼卵周围放置高通量气石，以满足鲨鱼卵孵化对溶解氧的需求。

给孵化中的鲨鱼卵增氧

三　实验

测水体溶解氧含量

1. 实验目的

学会用碘量法测定水体溶解氧含量。

2. 实验要求

掌握碘量法测定水体溶解氧含量的方法。

3. 实验材料

水样瓶、试管、滴定台、碱式或酸式滴定管、1毫升移液器、硫酸锰溶液、氢氧化钠－碘化钾溶液、硫酸、质量分数为0.5%的淀粉溶液、硫代硫酸钠溶液等。

4. 实验步骤

（1）水样的采集：先用水样充满橡皮管，将橡皮管插到水样瓶底部，加入少量水样冲洗水样瓶。然后将水样注入水样瓶，水样装满水样瓶并部分溢出时，抽出橡皮管，盖上瓶盖，此时瓶中无气泡存在。

（2）水样的固定：取下瓶盖，立即用移液器加入1毫升硫酸锰溶液和1毫升氢氧化钠－碘化钾溶液，并立即盖上瓶盖。加盖后，水样瓶中应无气泡存在。按紧瓶盖，颠倒水样瓶20次左右，使液体混合均匀。静置水样瓶，让沉淀尽可能下沉到水样瓶底部。

（3）酸化滴定：小心打开水样瓶瓶盖，将上层澄清液倒出少许至碘量瓶中（切勿倒出沉淀）。用移液器向水样瓶中加1毫升硫酸，盖上瓶盖。摇动水样瓶，使沉淀完全溶解。将水样瓶中的溶液倒入碘量瓶，用硫代硫酸钠溶液滴定至溶液呈淡黄色。加入1毫升质量分数为0.5%的淀粉溶液，再继续滴定至溶液无色。倒出少量溶液回洗水样瓶，再将此部分溶液倒入碘量瓶，继续滴定至无色为止，此时即为滴定终点。记录硫代硫酸钠溶液的用量。

（4）按下式计算水体溶解氧含量：

$$DO = \frac{C \times V_1 \times M \times 1\,000}{4V_2}。$$

式中，DO单位为毫克/升；C表示硫代硫酸钠溶液的浓度，单位为摩尔/升；V_1表示消耗的硫代硫酸钠溶液的体积，单位为毫升；M即氧气的相对分子质量（32克/摩尔）；V_2表示水样的体积，单位为毫升。

5. 注意事项

（1）实验过程用到多种危险化学品和玻璃器皿，操作时要注意安全，以免受伤。

（2）操作时要仔细认真，尽量减少实验误差。尤其是滴定时要有耐心，动作要慢，一滴一滴地加，不要错过滴定终点。

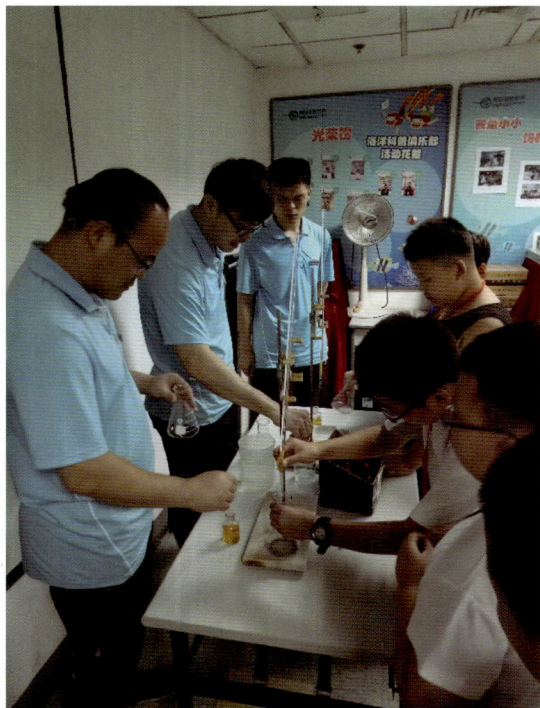

老师讲解实验要点

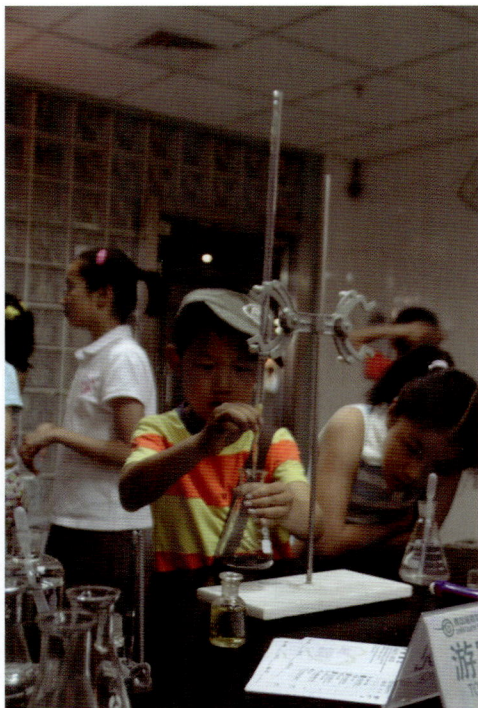

学生进行滴定操作

四　课后思考

（1）养殖水体溶解氧过饱和有哪些危害？

（2）通过添加气石提高水体溶解氧含量的效率如何？

（3）酸式滴定管和碱式滴定管有什么区别？

第三课　氨　氮

　　总氮是有机氮、无机氮的总和，其中无机氮包括氨氮、硝态氮（NO_3^-）、亚硝态氮（NO_2^-）等。氨氮是指水体中以游离氨（NH_3）和铵离子（NH_4^+）形式存在的氮。氨氮是水体中的营养素，可导致水体富营养化；氨氮又是水体中的主要耗氧污染物，对海洋生物有危害。游离氨是毒害水生生物的主要因子，而铵离子基本无毒。

　　水体中氨氮的来源主要是水中的残饵、水生生物代谢产物和残骸。大量施肥会使水体中含氮有机物增加，造成水体的污染。生活污水、雨水径流以及农用化肥的流失也是氨氮的重要来源。氨氮还来自冶金、石油、皮革等工业的废水。

一　氨氮的危害

1. 氨氮对人体的危害

　　目前还没有饮用水氨氮危害人体健康的报道。但是，水中的氨氮可以在一定条件下转化成亚硝酸盐。亚硝酸盐是一种致癌物质，对人体健康极为不利。

　　解决饮用水氨氮问题的根本方法是控制水源污染。在控制污染不力的情况下，应当加强自来水厂的除污能力。生物法预处理技术是目前解决饮用水氨氮问题最有效、最经济的方法。

2. 氨氮对水生动物的危害

　　氨氮对水生动物的危害主要来自游离氨。游离氨的毒性与水体的温度和酸碱度有密切关系，一般情况下，水温和pH越高，游离氨的毒性越强。水体中的氨氮浓度过高，会损伤鱼类的鳃丝，降低血液的载氧能力，使机体代谢功能失常或组织机能损伤，降低鱼类的免疫力。

氨氮对水生动物的危害有急性和慢性之分。水生动物发生氨氮急性中毒时，表现为抽搐、亢奋、运动失去平衡，严重者甚至死亡；氨氮慢性中毒时，表现为食欲减退、生长缓慢、组织损伤、缺氧等。我国的《渔业水质标准》（GB 11607—1989）规定渔业水域非离子氨浓度不应超过0.02毫克/升。

知识拓展　鱼类氨氮急性中毒的症状

鱼类发生氨氮急性中毒时，可能出现以下症状：

- 呼吸急促，口裂时而张大；
- 鳃盖张开，鳃丝呈紫黑色，有时流血；
- 鳍条舒展，基部出血；
- 体色变浅，体表黏液增多；
- 挣扎、游窜，时而下沉、侧卧、痉挛。

二　水产行业控制水体氨氮的方法

1. 提高饵料质量

饵料是养殖水体中氨氮的主要来源。通过提高饵料质量来提高饵料转化率、减少残饵，是控制水体氨氮的主要措施。养殖人员应当采用科学的投喂标准，减少残饵量。

2. 换水

改善换水条件，换水时尽量抽掉水体中氨氮含量较高的底层水，加注氨氮含量低的好水，加大换水量，是降低水体氨氮含量的有效措施。

3. 调节水体pH

可用盐酸调节水体pH，使其低于7.0，以利于降低氨氮毒性，再使用吸附剂（沸石粉、麦饭石等）去除氨氮。

4. 种植水生植物

水生植物可以吸收和利用氨氮等有毒物质，可适量种植水生植物来降低水体氨氮含量。细菌分解死亡的水生植物也会使水体中的氨氮含量升高，因此种植水生植物并不能完全除去水体中的氨氮。

5. 增加水体溶解氧

通过使用增氧机和化学增氧剂等方式，增加水体溶解氧，可以加速有机物的氧化分解。水体溶解氧状况的改善能促进硝化作用，使氨氮转化为亚硝态氮和硝态氮。

6. 利用生物过滤

利用生物过滤器材上附生的藻类和硝化细菌吸收和转化水体中的游离氨，去除游离氨的效率可达80%以上。

7. 利用光合细菌

光合细菌可吸收和降低水体中的游离氨等有毒物质，消耗水体中的有机物，净化水质。

知识拓展　硝化作用

　　硝化作用是亚硝化细菌、硝化细菌将铵离子氧化为亚硝态氮和硝态氮的过程。该过程分为两个阶段：第一阶段为亚硝化作用阶段，亚硝化细菌将铵离子氧化为亚硝态氮；第二阶段为硝化作用阶段，硝化细菌将亚硝态氮氧化为硝态氮。

　　硝化作用产生水生生物可利用的氮源，因而对水生生物尤为重要。然而，随着二氧化碳引起的海水pH降低，硝化作用受到一定程度的抑制，将制约自然界氮循环。

三 水族馆控制水体氨氮的方法

在水族馆建立初期，各个水族箱无论大小都面临着"调水质、养好水"的重要问题，控制每个水族箱的水体氨氮含量更是重中之重。经过长时间的工作经验积累，水族馆在控制水体氨氮方面已形成一套成熟的方法。首先，要在保证生物健康的前提下，合理安排投饵量，以减少水体氨氮的产生量。其次，应当每天安排工作人员进行水体清洁工作，及时清除动物粪便、食物残饵。再次，引入臭氧发生器，臭氧达到一定浓度后，水体氨氮和亚硝酸盐的含量会明显下降。此外，还可以用蛋白分离器去除水体氨氮。

四 实 验

测海水总氮

1. 实验目的
明确总氮和氨氮的定义，学会测定海水总氮。

2. 实验要求
掌握利用试剂盒测定海水总氮的方法。

3. 实验材料
海水样品、测试杯、1毫升移液器、总氮检测试剂盒、白纸等。

4. 实验步骤
（1）用待测水样清洗测试杯2遍，用移液器取5毫升水样于测试杯中。

（2）向测试杯中滴加14滴试剂盒中的1号试剂，摇匀测试杯；滴加7滴2号试剂，摇匀测试杯；再滴加7滴3号试剂，摇匀测试杯。

（3）将测试杯放置10分钟后，以白纸为背景，保持视线水平，从测试杯正面观察水样的颜色。

（4）与比色卡比较，比色卡上相近颜色对应的数值即水样的总氮数值。

5. 注意事项

（1）实验时应态度认真，遵守纪律。

（2）实验试剂有轻微腐蚀性，使用时应操作规范，确保安全。

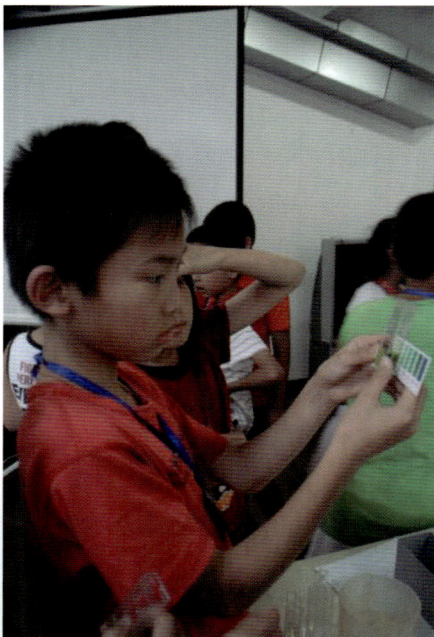

与比色卡比较

五　课后思考

（1）氨氮会对水生植物产生危害吗？

（2）水体氨氮的来源有哪些？

（3）你知道反硝化作用的过程吗？

第四单元　从海洋病毒到海洋浮游动物

　　海洋中有许多肉眼难以观察到的微小海洋生物。它们种类繁多、分布广泛，虽然体形微小，却在海洋生态系统中发挥着极其重要的作用，是海洋生态系统不可或缺的一部分。

　　这些微小海洋生物包括没有细胞结构的病毒、原核生物的细菌等，以及真核生物的真菌、部分微藻、浮游动物等。它们有的是海洋中的生产者，有的是消费者，还有的是分解者，参与海洋物质生产、消费、传递、沉降、分解和转化的全过程。分解者具有分解有机物的能力，能将有机物分解成氨、硝酸盐、磷酸盐、二氧化碳等，为生产者提供营养物质，对海洋无机营养再生起重要作用。生产者中的绝大多数种类能进行光合作用，利用简单的无机物生产有机物和氧气，有利于其他生物生存。

　　在本单元，我们将了解海洋中的这些微小海洋生物。第一课讲解海洋病毒、细菌；第二课介绍海洋真核生物，主要是海洋真菌、微藻和浮游动物。

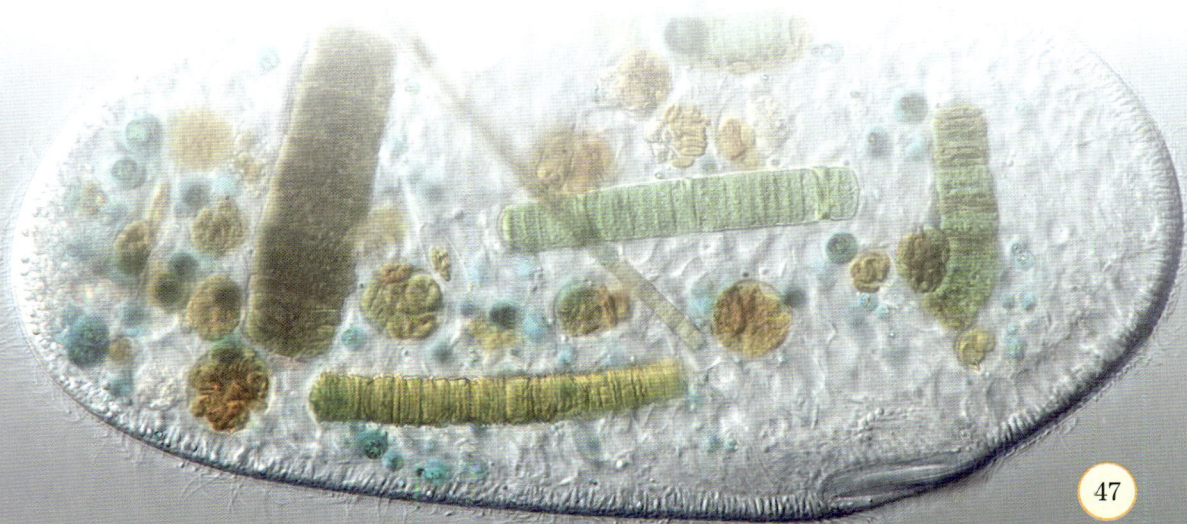

第一课　海洋病毒、细菌

海洋病毒和海洋细菌同属于海洋微生物的范畴。在介绍它们之前，我们要先对微生物有大致的了解。

一　微生物简介

微生物形体微小，结构简单，通常要用光学显微镜和电子显微镜才能看清楚。

微生物在我们的生活环境中广泛存在，主要分布于土壤、水体及空气中。微生物通常分为没有细胞结构的病毒，原核生物如细菌、放线菌、支原体、衣原体等，真核生物如酵母菌、霉菌等。奶酪、面包、泡菜、啤酒及葡萄酒等食品的生产都离不开微生物，有些微生物还能降解塑料、处理废水和废气。人体肠道中有几百种微生物，数量以百万亿计。

食品生产离不开微生物

　　微生物对人类最大的危害是导致传染病的流行。世界卫生组织公布的数据显示，传染病的发病率和病死率在所有疾病中位居第一，人类疾病的50%是由病毒引起的。微生物导致人类疾病的历史，也是人类与之不断斗争的历史。在疾病的预防和治疗方面，人类取得了巨大的成就，但是新发现和再次出现的微生物感染还是不断发生，大量的病毒性疾病缺乏有效的药物，一些疾病的致病机制尚不清楚。

二　海洋微生物的主要类群

　　能够在海洋环境中生长繁殖的海洋微生物，主要包括海洋病毒、细菌等。

1. 海洋病毒

　　海洋病毒的直径为20～200纳米，结构简单，主要由核酸（DNA或RNA）及蛋白质衣壳构成。病毒不能独立完成复制和新陈代谢，必须利用宿主的生物代谢机制来完成自己的生命周期。海洋病毒包括噬菌体、噬藻体、无脊椎动物病毒、脊椎动物病毒等种类。

知识拓展　最大的病毒

　　已知最大的病毒是科学家在2018年发现的*Tupanvirus*属的病毒。*Tupanvirus*一词来源于南美神话中的巴西雷神Tupã。该属病毒包括2种，一种发现于碱湖，一种发现于深海。算上长长的尾状结构，它们的长度可以达到2.3微米。科学家尚未发现这种病毒能对人类健康造成威胁。随着人们对深海等未知领域的探索，相信还会有许多病毒新种被发现。

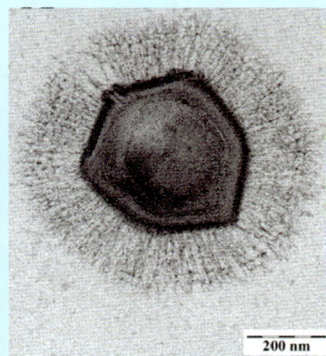

200 nm

*Tupanvirus*属的一种病毒

海洋病毒在海洋生态系统中的地位越来越引起人们的重视。例如，噬菌体是感染细菌的病毒，海洋噬菌体在控制海洋细菌数量方面发挥重要作用。然而，海洋病毒还能给水产养殖业带来重大损失，能引发多种病毒病，是对虾、贝类、鱼类等生物养殖过程的一大问题。

2. 海洋细菌

细菌是一类细胞微小、结构简单、胞壁坚韧、多以二分裂方式繁殖和水生性强的原核生物。它们是自然界中分布最广、个体数量最多的有机体，是大自然物质循环的主要参与者。细菌主要由细胞壁、细胞膜、细胞质、拟核等部分构成，有的有荚膜、鞭毛、芽孢等特殊结构。绝大多数细菌的直径不超过1微米。

细菌根据形状可分为球菌、杆菌和螺旋菌；根据生活方式可分为自养菌和异养菌，其中异养菌包括腐生菌和寄生菌；根据对氧气的需求可分为需氧（完全需氧和微需氧）菌和厌氧（不完全厌氧、有氧耐受和完全厌氧）菌；根据耐受温度可分为喜冷菌、常温菌和喜高温菌。

一种细菌在一定条件下可形成固定的菌落，每种菌落的大小、形状、边缘、光泽、质地、颜色和透明程度等都有所不同。同种细菌在不同的培养条件下，菌落特征也是不同的。这些特征对菌种识别、鉴定有重要意义。

真正的海洋细菌是指只能在海洋环境中生活的细菌，不包括近岸海水中的能暂时生活于海洋环境中的陆生细菌。海洋细菌的生长需要氯元素和溴元素，而且偏好镁元素含量较高的环境。深海细菌为了生存，还获得了耐高盐、高压、低温或高温、低营养的能力。

知识拓展 发光细菌

少数海洋细菌能够发光。它们属于异养型生物，有的生活于海水中，有的生活在鱼、虾等动物的体表、消化道内或特殊的发光器官中。能发光的海洋细菌主要包括发光杆菌属的成员。以灯颊鲷为例，它们的眼睛下有豆状的发光器官，其中有发光细菌。

灯颊鲷

灯颊鲷能自主控制发光器官的亮暗，产生不同的闪光频率，这有助于它们引诱猎物、与同伴交流。

知识拓展 蓝细菌

蓝细菌是最早在地球上出现的自养生物，在生物进化中占有重要地位。蓝细菌是原核生物，因为体内含有叶绿素a、β－胡萝卜素、叶黄素、藻胆蛋白等色素，所以又被称为蓝藻。蓝细菌细胞壁胶质鞘的形态结构是主要分类依据，常见种类有颤藻、色球藻等。

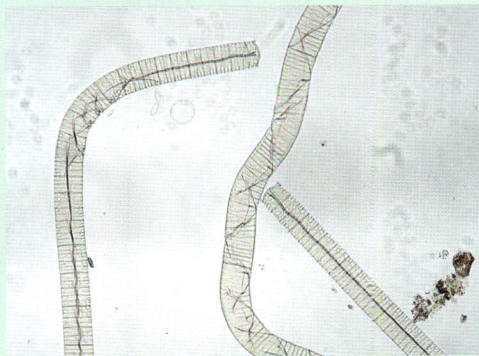
颤藻

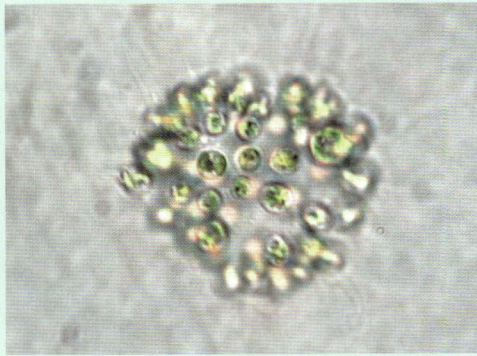
色球藻

诸如发光细菌等海洋细菌与海洋动物保持着十分和谐的平衡状态，菌群之间相互制约，维持着稳定有序的关系。然而，一些海洋细菌能使海洋动物患病。不新鲜或变质的饵料中含有大量致病菌，鱼吃了这种饵料，致病菌会在肠道滋生，容易引起肠炎等。鱼体表的创伤也会让致病菌

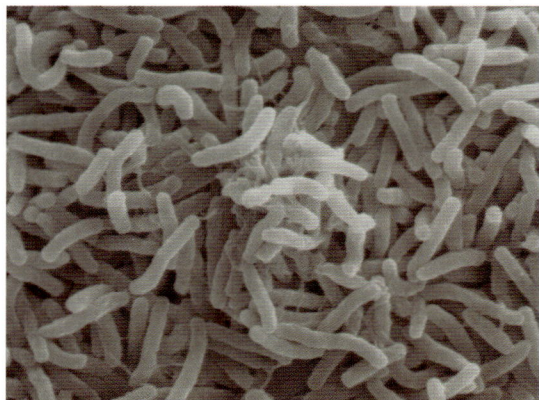

霍乱弧菌

有机可乘，它们在伤口处大量繁殖，甚至侵入鱼体。例如，弧菌属的种类主要存在于海水中和海洋生物体内，是许多海洋动物细菌性疾病的病原。其中，霍乱弧菌最令人关注，它们能黏附在虾、蟹、贝类的外壳上。人们食用了被污染的食物或饮用了被污染的水，极易感染霍乱弧菌。

三　海洋微生物与水质的关系

海洋微生物对水质的影响主要是负面的。海水富营养化是引起水体变色或对海洋中其他生物产生危害的首要条件。当海水富营养化时，水体中氮、磷等营养成分过量积聚，表层的藻类会过度生长繁殖，导致下层水体缺少光和氧气，生物大量死亡。海洋微生物将死亡的生物分解，会进一步加剧底层水体的缺氧程度，对生物产生更大的毒性。

海洋微生物在污水处理中起着重要作用，对水质也有正面影响。氧化塘处理法是利用细菌和藻类来分解有机污染物的废水处理方法。细菌利用藻类光合作用产生的氧气和空气溶解在水中的氧气分解塘内有机污染物，藻类利用细菌氧化分解产生的无机物和小分子有机物作为营养物进行生长繁殖，使有机物不断减少，污水得以净化。

四 实验

检测水体细菌总数

1. 实验目的

掌握检测水体细菌总数的操作方法。

2. 实验要求

会使用3M细菌总数测试片检测水体细菌总数。

3. 实验材料

待测水样、3M细菌总数测试片、1毫升移液器、压板、恒温培养箱、菌落计数器、判读卡等。

4. 实验步骤

（1）将3M细菌总数测试片置于平坦的桌面上，揭开测试片的上层膜。

（2）使用移液器将1毫升待测水样垂直滴到测试片的中央。

（3）盖上测试片的上层膜，切勿反复揭开、覆盖上层膜。

（4）将压板凹面朝下放置在上层膜中央处，轻轻压下，使样液均匀覆盖圆形培养区域，切勿扭转压板。

（5）拿起压板，静置测试片至少1分钟，以使培养基凝固。

（6）测试片的透明面朝上，置于28 ℃恒温培养箱中培养24小时。测试片可堆叠放置，但不能堆叠超过20片。

（7）利用菌落计数器或参考判读卡，计算菌落数。

5. 注意事项

（1）不能用手接触测试片的培养基部分。

（2）使用压板时，务必保证样液均匀覆盖在培养基上。

（3）如果菌落数量较多，要耐心计数。

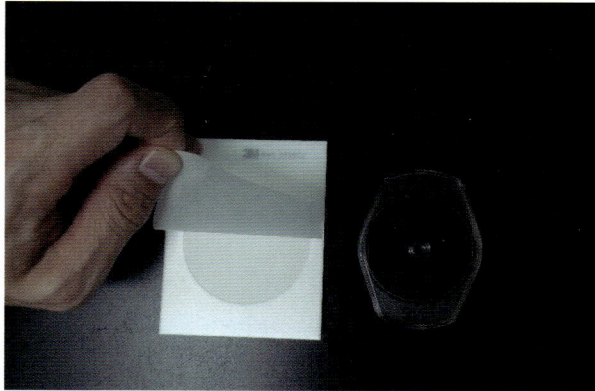

3M细菌总数测试片和压板

向测试片中央滴加水样

五 课后思考

（1）什么是革兰氏阴性菌？

（2）在深海高压环境中存在海洋微生物吗？

（3）3M细菌总数测试片是否具有细菌培养基的作用？

第二课　海洋真菌、微藻、浮游动物

　　海洋真菌、微藻、浮游动物同属于真核生物。它们也是海洋生物大家族的重要成员，在海洋生态系统中占据重要地位。

一　海洋真菌

　　已知的海洋真菌种类较少，不超过500种，但在海洋中分布广泛，从河口到深海都有它们的踪迹。海洋真菌包括海洋酵母和海洋霉菌。海洋酵母通常呈球形，而海洋霉菌多为绒毛状、蜘蛛网状或絮状。海洋真菌可寄生于海藻和海洋动物，也可以在含盐的湿地、沼泽中生活。一些海洋真菌是引起海洋鱼类和无脊椎动物病害的重要病原。

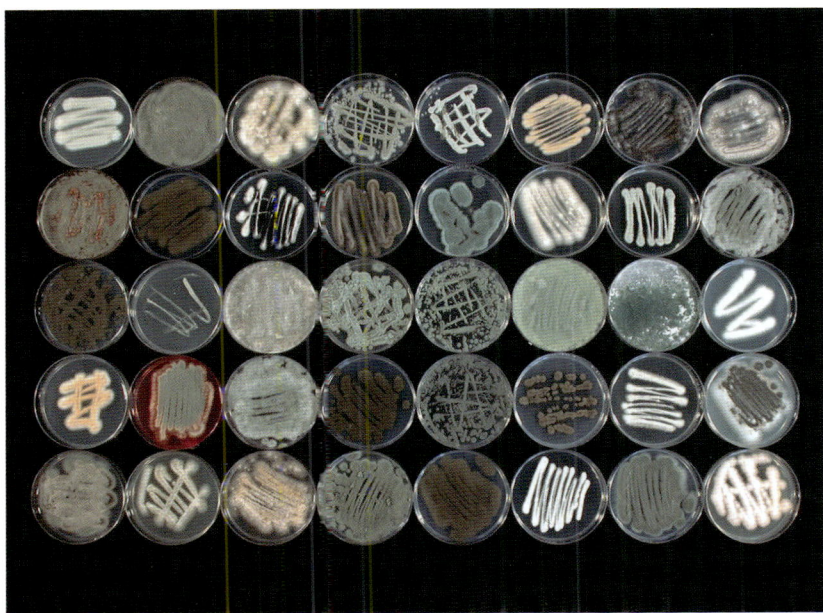

海洋真菌的培养形态

二 海洋微藻

海藻具有重要的经济价值，可以直接作为食物、肥料、动物饲料，也可以用于生产具有特定生物活性的代谢产物。海藻对于维持海洋生态系统的健康稳定至关重要。

海洋微藻是海藻的重要成员，也是海洋浮游生物的重要类群，大多是单细胞藻类，主要有硅藻、甲藻等。

1. 硅藻

硅藻为单细胞藻类，一般聚集成丝状、带状或呈星状。硅藻细胞壁的主要成分是二氧化硅，由紧密吻合的上壳、下壳构成，壳面具有花纹。硅藻体内含叶绿素a、叶绿素c、硅藻黄素等多种色素，光合作用的主要产物是脂类。常见的硅藻有角毛藻、圆筛藻、弯角藻、中华盒形藻、双尾藻、舟形藻等。

角毛藻

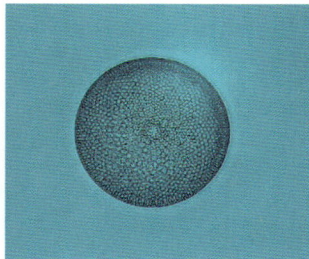
圆筛藻

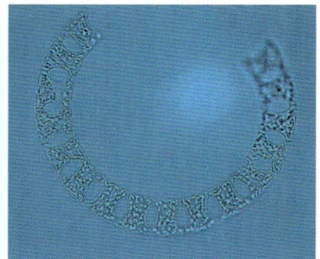
弯角藻

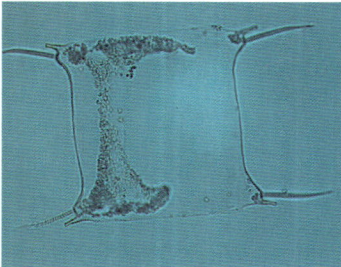
中华盒形藻

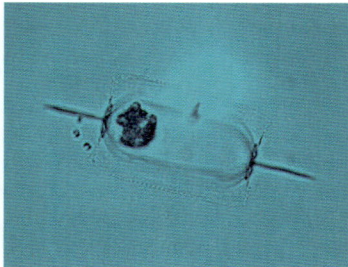
双尾藻

舟形藻

2. 甲藻

多数甲藻为单细胞藻类，呈球形或卵形。细胞壁由带有花纹的甲片连接而成，分为上壳和下壳2部分，之间有一道横沟，另有一道纵沟与横沟垂直。横沟与纵沟相交处通常有2根鞭毛，其中一根可以自由摆动。甲藻体内含叶绿素a、叶绿素c、胡萝卜素、叶黄素等色素。海水甲藻光合作用的主要产物是脂类。常见的甲藻有夜光藻、角藻等。

夜光藻

角藻

三　海洋浮游动物

浮游动物是浮游生物中的又一大类群。浮游动物是没有游泳能力或游泳能力很弱而随波逐流的动物。它们多数个体很小，缺乏发达的运动器官，分布于水体的上层或表层。海洋浮游动物的生存以外界有机物为营养来源，是海洋生态系统中的消费者。许多海洋浮游动物可以作为海洋经济动物的饵料，某些种类（如桡足类的哲水蚤）的数量分布可提示鱼类索饵洄游的路线，有助于寻找渔场、确定渔期。

海洋浮游动物种类繁多，结构比较复杂，包括无脊椎动物的大部分门类如原生动物、腔肠动物、轮虫、毛颚动物、甲壳动物等，还包括脊椎动物的浮性卵和浮游幼体等。

海月水母

水蚤

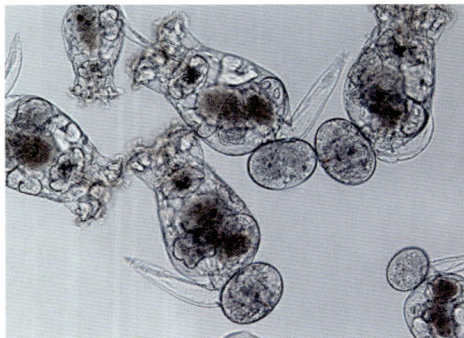

轮虫

糠虾

代表种　卤虫

卤虫又叫作丰年虾，是节肢动物门甲壳亚门鳃足纲卤虫属物种的统称。它们生活在盐湖、日晒盐田、海滨盐沼等高盐水体中。卤虫卵孵化后的幼体叫作无节幼体，孵化后约9天即可发育为成体。卤虫生长迅速，繁殖周期短，因而是淡水、海水养殖动物的优良饵料。

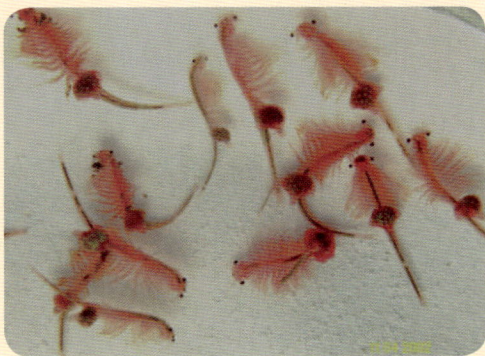

四　赤　潮

1. 赤潮的成因

当海域富营养化时，有些海洋浮游生物如甲藻等会过度繁殖，使局部水体变色，形成赤潮。引起赤潮的浮游生物主要包括膝沟藻、凯伦藻、裸甲藻、夜光虫等。

赤潮并不都是红色的，其颜色主要由引起赤潮的海洋浮游生物和类决定。例如，由夜光虫引起的赤潮呈粉色或棕红色；某些硅藻引起的赤潮呈黄褐色或红褐色；而膝沟藻引发赤潮时，海水颜色可能不会发生明显变化。

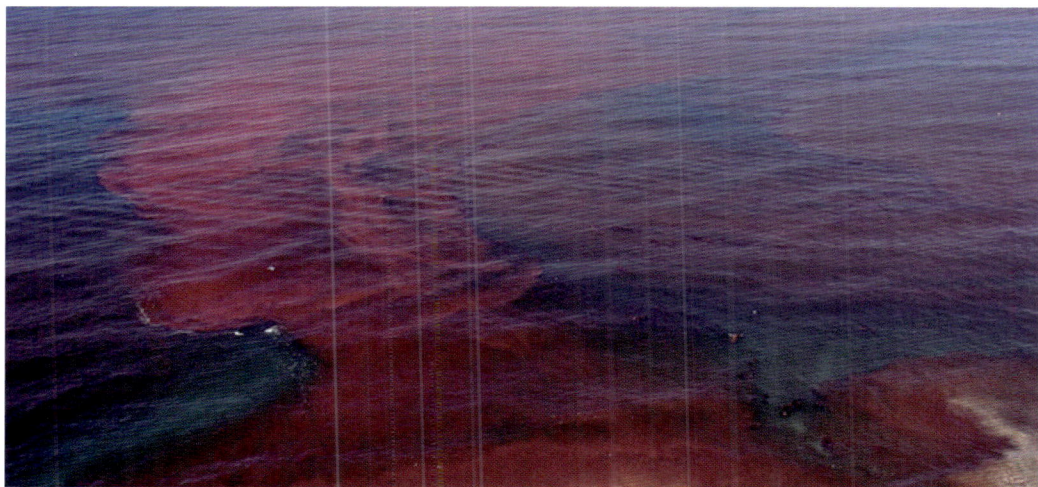

赤　潮

2. 赤潮的危害

赤潮一旦发生，会给海洋环境、海洋生物乃至人们生活造成严重的危害。密集的赤潮生物可能堵塞鱼类、贝类的呼吸器官，造成鱼类、贝类窒息死亡。有些赤潮生物能分泌毒素等有害物质，毒害海洋生物。赤潮生物的残骸在海水中氧化分解，大量消耗海水中的溶解氧，从而造成海水缺氧，威胁其他海洋生物的生存。人们食用富集了赤潮毒素的海产品后，会出现食物中毒的症状，严重的会死亡。

五　浮游生物在水族馆中的应用

　　青岛海底世界在饲养海洋动物时，经常用浮游生物作为饵料。人工培养的浮游藻类如金藻、小球藻，可用来喂食浮游动物如轮虫、水蚤、卤虫、糠虾等。经过饵料强化的浮游动物可作为特定海洋动物的饵料。例如，用轮虫投喂新生的小丑鱼，用水蚤喂食灯颊鲷，用卤虫喂食海月水母，用糠虾投喂黑斑沙鳗，等等。

六　实　验

采集海洋浮游生物

1. 实验目的

认识青岛沿海常见的浮游生物。

2. 实验要求

能正确使用浮游生物采集器。

3. 实验材料

浮游生物采集器、烧杯、水桶、显微镜或解剖镜等。

4. 实验步骤

（1）将浮游生物采集器的采集网抛入水中，在水中拖行一段时间。

（2）将采集网从水中捞起，用清水冲洗采集网，尽量收集更多的浮游生物。

（3）用显微镜或解剖镜观察采集到的浮游生物。

5. 注意事项

（1）外出采样时，要听从老师指挥，注意安全。

（2）拖网的过程中，要有耐心，仔细使用浮游生物采集器。

（3）观察浮游生物时，动作应当轻缓，不要拍打桌面。

在水中拖行采集网

捞起采集网

用清水冲洗采集网

学生在海边采样

七　课后思考

（1）你知道哪些海洋单细胞藻类?

（2）浒苔暴发会带来哪些危害?

（3）卤虫作为海洋动物的饵料，有哪些优点?

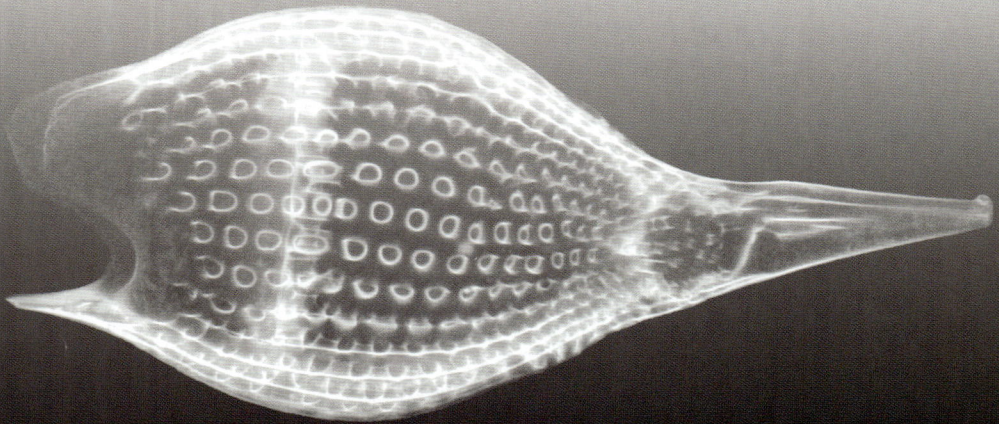

第五单元　海洋动物的饲养

　　海洋动物种类繁多，水族馆常见的海洋动物包括水母、海葵、珊瑚等腔肠动物，乌贼、鸡心螺等软体动物，清洁虾、火焰虾、九齿扇虾等节肢动物，海星、海参、海胆等棘皮动物，以及鱼类、爬行动物、哺乳动物等脊椎动物。那么，这些海洋动物如何能够安稳地生活在水族馆中呢？本单元将揭晓这个问题的答案，并以小丑鱼、海马、海龟这3类水族馆常见海洋动物为例，介绍海洋动物饲养知识。

第一课　海洋动物饲养基础知识

为了科学地饲养海洋动物，维持它们的活力，我们需要为海洋动物准备一个舒适宽敞的生活环境，根据不同动物的食性投喂新鲜的饵料，让生病的动物得到及时的治疗。只有做到这几点，我们才能饲养好海洋动物。

一　维生系统

在进行海洋动物饲养之前，我们不仅要了解与海洋动物习性有关的知识，还要了解饲养海洋动物的维生系统是如何运行的。

维生系统也就是饲养生物的生命支持系统，包括循环泵、过滤系统、杀菌消毒系统、蛋白分离器、温度控制器等。

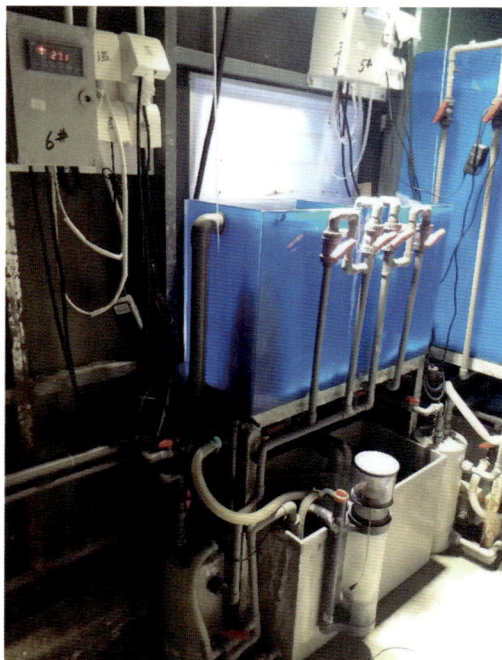

一套完整的维生系统

1. 循环泵

循环泵是水族箱的"心脏",它能使海水"动"起来,将过滤系统过滤好的海水源源不断地输送到水族箱。应当根据水族箱的形状和容量,选择功率适合的循环泵。

2. 过滤系统

过滤系统包括滤箱和滤材。滤材包括滤棉、活性炭、珊瑚砂、生化棉、陶瓷环、石英砂等。滤材上可以附着大量的有益菌,因此既能进行物理过滤,又能进行生物过滤,从而清除水体中的有毒物质。

3. 杀菌消毒系统

饲养鱼类时,通常需要使用紫外线杀菌灯和臭氧发生器对水体进行消毒。紫外线杀菌灯向周围放射紫外线,可达到杀菌、灭藻的作用。臭氧发生器产生的臭氧是强氧化剂,具有很强的杀菌、脱色作用,还能增加水中的溶解氧。饲养海洋哺乳动物时,除了臭氧消毒之外,还可根据饲养环境使用氯气或次氯酸钠消毒。

4. 蛋白分离器

蛋白分离器又称为泡沫分离器,可以有效地清除水中的有机物颗粒、有害金属离子等,净化水质的效果较好。

5. 温度控制器

不同海洋动物的最适生存温度是不同的。饲养时,应当根据动物的习性,使用温度控制器将水族箱水体的温度维持在一定的范围。一般来说,设定温度与实际温度之差不应超过1℃。

二　海洋动物的饵料

　　海洋动物按食性可分为3类：肉食性、植食性、杂食性。肉食性的海洋动物如鲨鱼、海马、乌贼、水母、海星等，以鱼、虾等为饵料；植食性的海洋动物如鲍鱼、蛤蜊、扇贝等，主要以海藻为饵料；杂食性的海洋动物如小丑鱼、沙蚕等，动物性、植物性饵料均吃。

卤虫卵

卤虫无节幼体

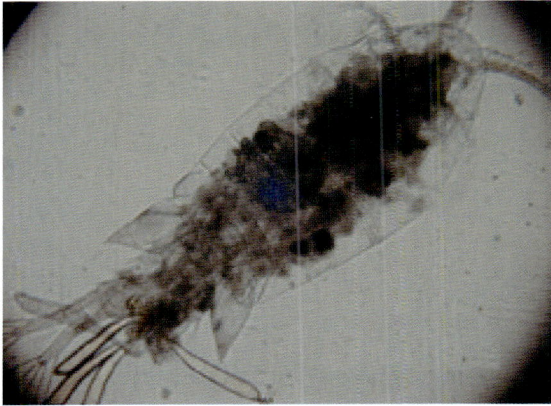

海水水蚤

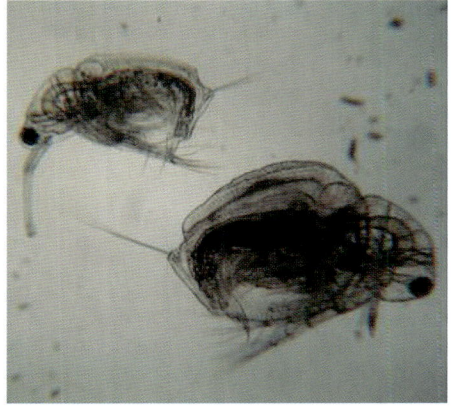

淡水水蚤

红虫

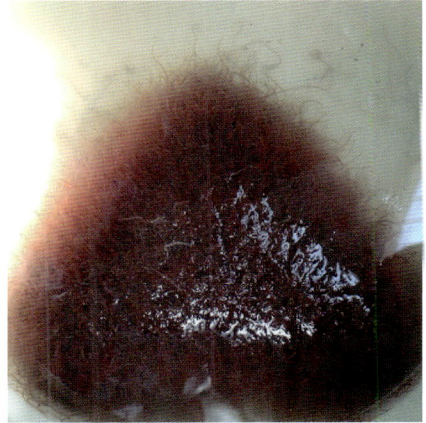

红线虫

小草鱼

泥鳅

饵料可分为天然饵料和人工饵料。

1. 天然饵料

冷冻鱼肉、虾肉、鱿鱼、蟹肉、牡蛎肉、蛤蜊肉等属于冷冻的天然饵料，往往根据动物摄食口径制作成适口的大小。

冷冻黄花鱼

冷冻鲅鱼

天然饵料可能携带病原生物。为防止病原生物进入水族箱，天然饵料在投喂前需要先清洗干净。

红虫、卤虫、南极虾等可用一定方式处理，制成干燥的天然饵料，可保存较长时间，且传染疾病的可能性大大降低。

干燥的卤虫饵料

2. 人工饵料

人工饵料利用虾肉、鱼肉、贝肉、蟹肉等制作，并加入维生素等添加剂，制作过程经灭菌、干燥、成型等步骤，成品有片状、颗粒状、粉末状等。人工饵料卫生、方便、营养均衡，但过量投喂容易破坏水质。

片状人工饵料

三　海洋动物的常见疾病

水族馆饲养的海洋动物可能会受到多种疾病的威胁。以鱼类为例，常见的疾病有细菌性疾病、真菌性疾病和寄生虫疾病。其中，细菌性疾病包括烂鳃病、竖鳞病、肠炎病等，真菌性疾病包括水霉病、鳃霉病等，寄生虫疾病包括隐核虫病、本尼登虫病、吸虫病、鱼虱病等。在饲养鱼类的实际操作中，做到以下几点，将有助于预防上述疾病的发生。

1. 维持良好水质

"养鱼先养水"，而养水的关键是建造一个良好的微生物系统。水中的有益微生物能将危害水质的残饵、粪便等分解成无害物质。还需勤换水，但要注意日换水量应控制在水体体积的10%以内。

2. 保证鱼类个体健康且兼容

选择要饲养的鱼类个体时，应当保留体质健壮、活泼敏捷、体色正常的个体。如果要在同一个水族箱中混养多种鱼，应当注意不同鱼类的生活习性差异、体形差异等问题。

3. 科学投饵

掌握正确的投饵技巧对控制水质及鱼体健康是很有帮助的。

保质：所喂饵料保证新鲜、多样化、营养均衡，腐败变质的不能投喂。天然饵料要冲洗干净后再投喂。

定时：在每天的固定时间投喂，不要随意更改时间。

定量：饵料不能过量，以能吃完为准。

定位：应在固定的位置投饵。

四 实验

饲养绿海葵、海月水母

1. 实验目的

了解绿海葵、海月水母的生活习性，学会饲养绿海葵、海月水母。

2. 实验要求

独立完成绿海葵、海月水母的饲养工作，并尽可能延长饲养时间。

3. 实验材料

绿海葵、海月水母、卤虫无节幼体、虾肉、饲养桶、新鲜海水、吸污管等。

4. 实验步骤

（1）领取绿海葵和海月水母各1只、饵料5克、新鲜海水若干。

（2）听老师介绍饲养绿海葵、海月水母的注意事项。

（3）自由提问。

（4）将绿海葵、海月水母带回家认真饲养。

学生领取绿海葵和海月水母

5. 注意事项

（1）绿海葵的饲养条件：水温16～30℃，盐度约32，日换水量控制在水体体积的5%左右。投喂冷冻鱼肉、虾肉、鱿鱼肉等，绿豆粒大小即可，每2天投喂一次。

（2）海月水母的饲养条件：水温15～30℃，最适水温为20℃左右，盐度28～32，日换水量控制在水体体积的5%左右。投喂卤虫无节幼体，每次喂食15只无节幼体，每2天投喂一次。

（3）携带、饲养绿海葵、海月水母的过程中，不能摇晃饲养桶，以免对动物造成损伤。

（4）绿海葵、海月水母具有刺细胞，禁止用手触碰，以免被蜇伤。

五　课后思考

（1）人工饵料有哪些优点？

（2）维生系统中，水流进出水族箱的方向是"低进高出"还是"高进高出"？

（3）被海葵蜇伤后，为什么会有刺痛感？

第二课　小丑鱼的饲养

小丑鱼的体表常有显眼的白色条纹，好似京剧中的丑角，因而得名。它们生活在印度洋、太平洋较温暖的潟湖或珊瑚礁海域，喜欢躲在海葵中。

一　小丑鱼的主要种类

小丑鱼是雀鲷科海葵鱼亚科鱼类的俗称，已知有30种，其中1种属于棘颊雀鲷属，其余属于双锯鱼属。水族馆常见的小丑鱼有眼斑双锯鱼、鞍斑双锯鱼、双带双锯鱼、棘颊雀鲷等。

代表种　**眼斑双锯鱼**

眼斑双锯鱼即公子小丑鱼，是电影《海底总动员》中"尼莫"的原型。它们主要栖息于珊瑚礁海域，栖息水深通常不超过15米。它们是十分受欢迎的海水观赏鱼，目前已实现人工繁殖。

代表种　鞍斑双锯鱼

　　鞍斑双锯鱼即鞍背小丑鱼。它们体表呈黄褐色，鳍呈深褐色。体表从背鳍鳍条部至肛门有一条白色斜向条带，随着成长而逐渐退缩呈鞍状。鞍背小丑鱼主要栖息于沙底质的潟湖和礁区，栖息水深一般不超过30米。目前已实现人工繁殖。

代表种　双带双锯鱼

　　双带双锯鱼即黑小丑鱼，身体表面呈紫黑色，体侧在眼睛后、两背鳍中间、尾柄处有3条白色环带，另有一条黑带经过眼睛。黑小丑鱼分布于印度洋的珊瑚礁海域。它们性情温和，适合在珊瑚缸中饲养。目前已实现人工繁殖。

代表种　棘颊雀鲷

　　棘颊雀鲷即金透红小丑鱼，体表呈暗红色，带有金黄色条纹，非常艳丽。它们主要生活在大堡礁海域，有一定的攻击性，但可以在水族箱中饲养。目前已实现人工繁殖。

二　小丑鱼的生活习性

1. 小丑鱼的食性

小丑鱼为杂食性鱼类。动物性饵料（小虾、碎鱼肉、碎虾肉、糠虾、卤虫等）和植物性饵料（海藻等）都可以用来饲养小丑鱼。

2. 小丑鱼的群居性和领地性

小丑鱼喜欢群体生活，因此在自然界以及人工养殖的条件下，小丑鱼往往成群出现。生活在一起的几十条小丑鱼有严格的等级划分。小丑鱼还有强烈的领地性和攻击性。假如水族箱中只有一只海葵，多条小丑鱼就会为了争夺这只海葵而发生争斗。最终获胜的通常是个头最大的那条小丑鱼，它会占据海葵，不允许其他小丑鱼靠近。

3. 小丑鱼的性逆转

小丑鱼具有性逆转现象。鱼群中只有一条雌鱼，如果处于最高等级的雌鱼不见了，那么体形最大的雄鱼就会在几星期内转变为雌鱼，具备雌鱼的生理机能；这之后，它还会花更长的时间来改变自己的外部特征。当然，余下雄鱼中最强壮的一条会成为它的配偶。

4. 小丑鱼与海葵的互利关系

海葵有会分泌毒素的触手，而小丑鱼体表有特殊的黏液，可保护它不受海葵毒素的影响而安全自在地生活于海葵间。有的科学家认为小丑鱼体表的黏液有双重功效，既可以抵御海葵刺细胞分泌的毒素，又可以抑制海葵毒素的分泌。

在海葵的保护下，小丑鱼能免受大鱼的攻击，安心地筑巢、产卵。海葵则可以借着小丑鱼的自由进出，吸引其他鱼类靠近，增加自己的捕食机会。而且小丑鱼能除去海葵的坏死组织及寄生虫，也能保护海葵。例如，蝴蝶鱼等海葵的天敌游近时，小丑鱼就会挺身而出，保护海葵的安全。

5. 小丑鱼生活的水质条件

饲养小丑鱼时，水温应当维持在26 ℃左右，盐度为32～35，pH为8.0～8.5，溶解氧含量在6.0毫克/升左右，而且水质要清澈。

三 小丑鱼的人工繁殖

小丑鱼成鱼在配对之后，会先选择一只海葵或石块等物体作为产卵床，再用嘴仔细地清除产卵床上的藻类和污物等。小丑鱼的产卵过程大约持续1.5小时，一次能产150~300枚卵。卵受精后，亲鱼会不断用鳍扇动受精卵周围的海水，使受精卵获得充足的氧气，还会力保受精卵不受外界因素的干扰，有强烈的护卵行为。在亲鱼细致的照顾之下，受精卵才能顺利孵化。

以白条双锯鱼为例，小丑鱼的繁殖过程分为以下几个阶段：

（1）成鱼的配对。两条成鱼体形一大一小，可以提高配对的成功率。

（2）亲鱼的管理。主要包括日常的喂食、吸污工作。

（3）亲鱼待产。雌鱼腹部明显隆起，这时可以暂停喂食、清洁工作，避免干扰雌鱼。

白条双锯鱼产卵

（4）亲鱼产卵。这个过程应在黑暗环境中进行。

（5）准备仔鱼开口饵料。通常用轮虫当开口饵料，用小球藻调节pH。

（6）收集仔鱼。受精卵孵化后，利用仔鱼的趋旋光性收集仔鱼。收集时，要注意动作轻柔。

（7）仔鱼期。仔鱼体长为4.2～4.8毫米，这时卵黄逐渐消失。

（8）幼鱼期。幼鱼期一般开始于孵化后10天左右，此时鱼体表开始显现出体色。

（9）成鱼期。

轮虫是仔鱼的开口饵料。孵化后5天左右，采用轮虫和卤虫无节幼体混喂的方式。孵化后10天左右，改用卤虫无节幼体喂食。1年后，白条双锯鱼能达到性成熟，也就是说，可以配对繁殖后代了。野生的白条双锯鱼喜欢吃浮游动物及藻类，雌鱼比雄鱼体形稍修长些。

四　实验

给小丑鱼喂食

1. 实验目的
了解喂食小丑鱼的流程。

2. 实验要求
能辨别青岛海底世界的几种小丑鱼，了解小丑鱼护卵行为的表现，能在老师的指导下给小丑鱼喂食。

3. 实验材料
饵料盒、虾泥、一次性手套等。

4. 实验步骤
（1）听老师讲授观察、喂食小丑鱼的注意事项。

（2）在老师的带领下，观察不同水族箱里的小丑鱼和鱼卵。

（3）看老师演示喂食小丑鱼的方法。

（4）自己动手给小丑鱼喂食。

5. 注意事项

（1）听从老师安排，遵守纪律，不在展区大声喧哗。

（2）实验过程中，不能拍打水族箱，以免惊扰小丑鱼。

（3）喂食前，先将虾泥捏成合适的大小，保证小丑鱼能够顺利将饵料吞下。

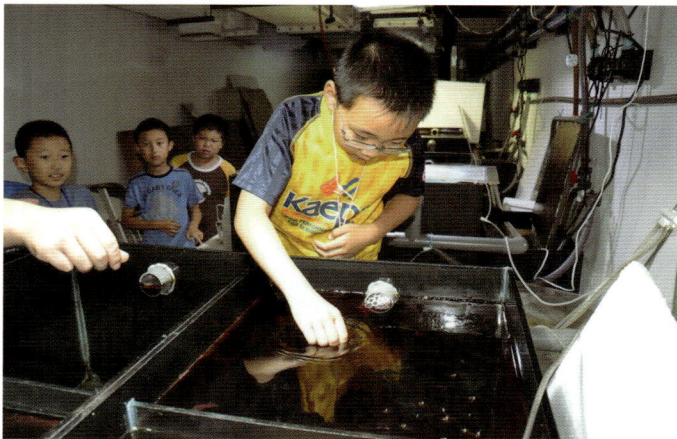

学生喂食小丑鱼

五　课后思考

（1）除了本书介绍的几种小丑鱼，你还知道哪些小丑鱼？

（2）眼斑双锯鱼被IUCN划分为哪个保护级别？

（3）轮虫和卤虫相比，哪个体形更大？

第三课　海马的饲养

海马属于辐鳍鱼纲刺鱼目海龙科海马属，是硬骨鱼，广泛分布于温带、热带浅海。海马的头与躯干的夹角近似直角，游泳时保持直立状态。海马以其独特的身形和泳姿而深受水族爱好者的喜爱。目前野生海马种群数量日渐减少，不少物种面临灭绝的风险。

一　我国海马的主要种类

世界上海马有50多种，最大的物种体长可达30多厘米，而最小的物种体长只有1.5厘米。我国常见的海马有克氏海马、刺海马、库达海马、莫氏海马和三斑海马。

代表种　克氏海马

克氏海马又称大海马，是海马属中体形较大的一种，在我国主要分布于东海、南海。它们具有较高的药用和观赏价值，也因此被过度捕捞，天然资源迅速衰竭。克氏海马被列入《国家重点保护野生动物名录》和CITES附录Ⅱ，被IUCN评估为VU。

代表种　**刺海马**

刺海马体表各骨环连接处及头部的小棘特别发达，仅尾环的小棘不明显。它们分布于印度洋、太平洋，在我国主要分布于东海、南海。刺海马被列入CITES附录Ⅱ，被IUCN评估为VU。

代表种　**库达海马**

库达海马的体色通常较深，有时也呈黄色，有颗粒状花纹。它们分布于日本、新加坡、菲律宾、夏威夷群岛，在我国主要分布于南海。库达海马被列入CITES附录Ⅱ，被IUCN评估为VU。

代表种　**莫氏海马**

莫氏海马又称日本海马，体灰褐色，吻及体侧有斑纹，尾部相对较长。它们分布于日本、印度、越南等国家沿海，在我国黄海、东海、南海有分布。莫氏海马被列入CITES附录Ⅱ，被IUCN评估为VU。

代表种　**三斑海马**

三斑海马的体侧背方笫1、4、7节各有一个黑斑。它们主要分布于我国东海、南海，还分布于印度、澳大利亚和东南亚各国沿海。三斑海马被列入CITES附录Ⅱ，被IUCN评估为VJ。

二　海马的生活习性

在自然海域中，海马喜欢生活在水质清澈、风小浪缓、海藻繁盛、沙砾底质的浅海。它们不善于游泳，因此常以卷曲的尾部紧紧勾在海藻的叶片或珊瑚枝上，将身体固定，不致被水流冲走。

海马的生长速度较快，经过几个月的饲养即可达到成体大小，经过一年即可达到性成熟。海马寿命一般为3～5年。

海马适宜生活在水温为28 ℃、盐度为30、pH为8.2的水中，溶解氧含量一般不能低于4.0毫克/升，最适溶解氧含量为6.0毫克/升。此外，还应保证光照强度适中，太弱或太强的光照都会影响海马的活动。

海马用长长的吻部吸取食物，因此饵料的大小以不超过吻径为宜，还要考虑到不同海马物种对饵料的种类和鲜度有一定的选择性。海马的觅食视距仅为1米左右，所以饵料要投在它们经常聚集的地方。在自然海域，海马主要摄食小型甲壳动物，如桡足类、藤壶幼体、樱虾、糠虾、钩虾等。在人工饲养条件下，以糠虾和樱虾作为海马的饵料效果最好，其次为桡足类和端足类。淡水枝角类也可用来饲喂海马，但要注意避免因枝角类在海水中迅速死亡而破坏水质。

动物在姿态、颜色、斑纹或行为等方面模仿其他生物以获得生存优势的现象叫作拟态。海马具有拟态适应性，常以卷曲的尾部缠附于海藻的叶片或珊瑚枝上。即使出于摄食等原因暂时离开缠附物，也会很快找到其他物体附着。海马的游泳姿势十分优美，鱼体直立于水中，完全依赖背鳍和胸鳍高频率波状摆动而缓慢游动。海马多在白天活动，晚上休息。

巴氏海马

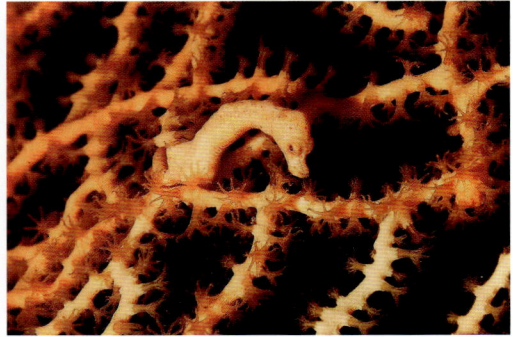

橘色海马

三　海马的人工繁殖

海马的受精卵在雄海马的育儿囊中孵化，雌海马则没有育儿囊，这在动物界非常少见。海马的繁殖季节一般为4～11月。雌海马将卵产在雄海马的育儿囊中，卵在育儿囊中受精。

雄性（左）和雌性吻海马

以莫氏海马为例，海马的胚胎发育经历受精卵、极体形成期、卵裂期（2、4、8、16、32细胞期）、囊胚期、原肠胚期、胚体形成期、心脏形成期、孵化期等阶段。

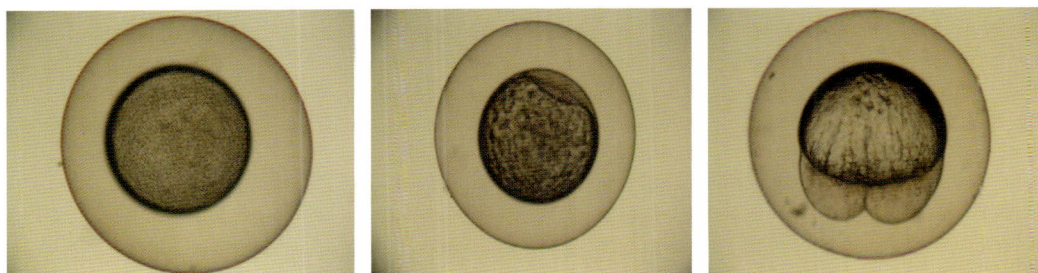

| 受精卵 | 极体形成期 | 2细胞期 |

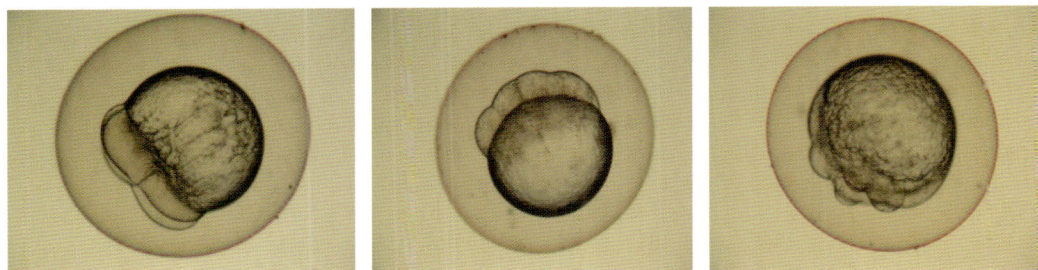

| 4细胞期 | 8细胞期 | 16细胞期 |

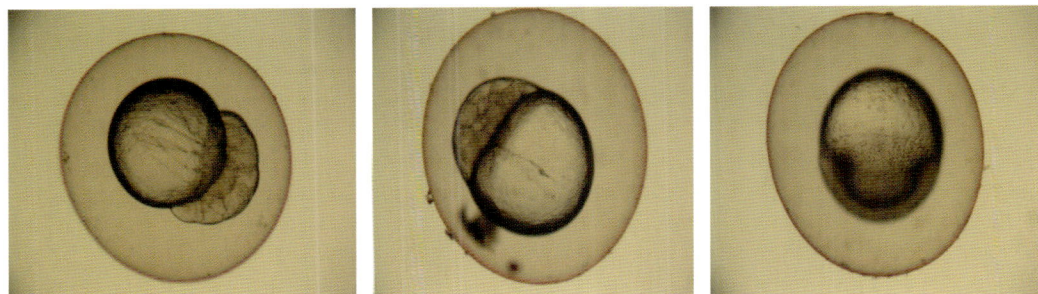

| 32细胞期 | 囊胚期 | 原肠胚期 |

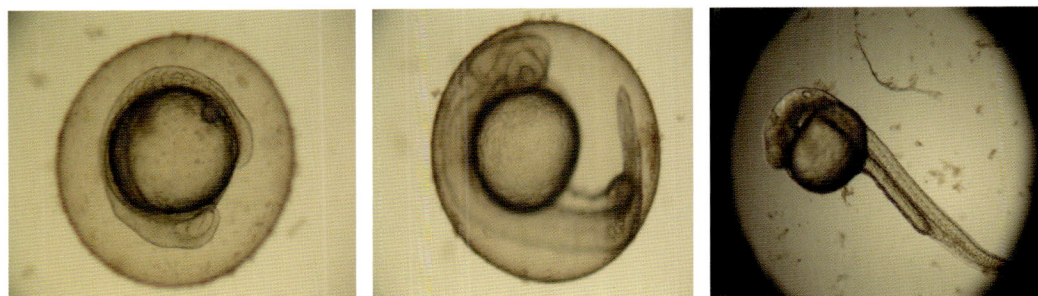

| 胚体形成期 | 心脏形成期 | 孵化期 |

莫氏海马的胚胎发育阶段（放大40倍）

小海马通常在凌晨从雄海马的育儿囊中产出，大多数个体当天就能开口摄食。我们肉眼即可观察到小海马的摄食动作。不同种类的海马一次所生的小海马数量由几十到上千不等。

对于出生后1～7天的小海马，适宜投喂轮虫；对于出生后4～30天的海马，适宜投喂卤虫无节幼体；而对于出生30天以后的海马，糠虾是较为合适的饵料。

新生的膨腹海马

四 实 验

给海马喂食

1. 实验目的
通过近距离观察海马，了解海马的形态特征和摄食过程。

2. 实验要求
能够准确区分海马的雌雄。

3. 实验材料
糠虾、塑料烧杯、胶头吸管、板凳、抄网等。

4. 实验步骤

（1）用抄网将糠虾从养殖缸中捞出，盛入塑料烧杯。

（2）踩在板凳上，用胶头吸管从烧杯中吸取几只糠虾，滴到海马水族箱中。

（3）仔细观察海马的形态特征和摄食过程。

5. 注意事项

（1）海马水族箱较高，上下板凳时要注意安全。

（2）水族箱后场空间狭小，要听从老师安排，遵守纪律。

（3）注意控制喂食量，每次用胶头吸管吸出几只糠虾即可。

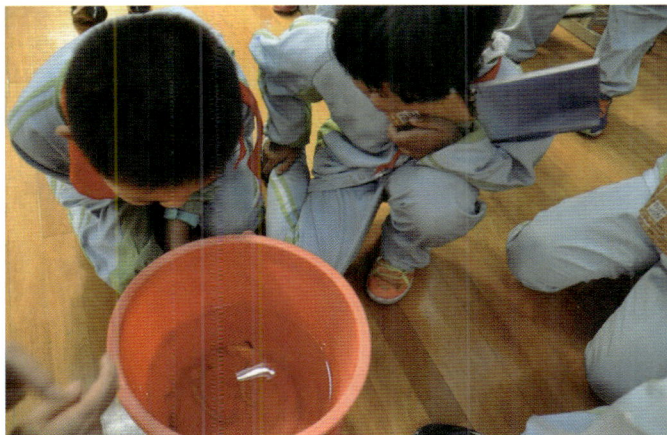

学生观察海马

五　课后思考

（1）海马主要依靠哪些鳍游泳？

（2）饲养海马的水族箱需要人工造景吗？

（3）需要将新生的小海马与海马亲鱼分缸养殖吗？

第四课　海龟的饲养

　　爬行动物是体被角质鳞片或硬甲的变温羊膜动物。现存的爬行动物有1万多种。除南极地区外，爬行动物几乎遍及全球，它们栖息于平原、山地、森林、草原、荒漠、海洋和内陆水域。西藏沙蜥甚至能生活在海拔三四千米的青藏高原。

　　爬行动物分属于喙头目（如喙头蜥）、龟鳖目（如平胸龟、海龟、鳖）、有鳞目（如海蛇、蜓、蜥蜴）、鳄目（如扬子鳄、美洲鳄）。其中，龟鳖目、有鳞目、鳄目的一些物种适应海洋生活，是海洋爬行动物。

　　青岛海底世界饲养着不少爬行动物，如绿鬣蜥、高冠变色龙、玉米蛇、缅甸蟒等。

绿鬣蜥

高冠变色龙

玉米蛇

缅甸蟒

海龟是龟鳖目海龟科动物的统称。它们分布于除极地之外的所有大洋，有的种类只分布在有限的海域。海龟四肢如桨，前肢长于后肢，四肢不能缩入壳内。它们主要以海藻、海草、水母等为食，一般仅在繁殖季节离水上岸。雌龟用后肢在沙滩上挖洞，再将卵产在洞穴中。

一　海龟的主要种类

海洋里生存着7种海龟，即棱皮龟科的棱皮龟和海龟科的绿海龟、平背龟、玳瑁、大西洋丽龟、太平洋丽龟、蠵龟。生活在我国的海龟有绿海龟、玳瑁、蠵龟、太平洋丽龟和棱皮龟5种，均被列入《国家重点保护野生动物名录》和CITES附录Ⅰ。

代表种　棱皮龟

棱皮龟是现存龟类中最大的一种，成体体长约2.1米，体重约540千克。它们的身体呈黑色或深蓝色，偶尔有白色或粉色斑点；背部覆盖着革质皮肤和脂肪，有7条明显的纵棱；前肢和后肢均无爪。棱皮龟被IUCN评估为VU。

科普讲堂　高级教程

代表种　绿海龟

绿海龟体表呈褐色或深绿色，但背甲之下的脂肪呈绿色，因而得名。绿海龟成体体长80～100厘米，体重70～120千克，背甲上有4对肋盾且互相不重叠，四肢各有明显的一爪。绿海龟分布于热带、亚热带海域，被IUCN评估为EN。

代表种　玳瑁

玳瑁最明显的特征是上颌勾曲似鹰嘴，这也是它们得名"鹰嘴海龟"的原因。玳瑁成体体长约1米，体重约80千克。背甲呈棕褐色，有光泽，有浅黄色的云状斑。玳瑁背部共有13枚呈覆瓦状排列的盾片，因此又被称为"十三鳞"。它们的前肢有二爪。玳瑁主要活动于印度洋、太平洋、大西洋的热带礁区，被IUCN评估为CR。

代表种 **蠵龟**

蠵龟成体体长约1米，体重约130千克，体表呈红棕色，有不规则的黄色或褐色斑纹。它们的上颌和下颌均有钩状喙，背甲盾片通常包括5枚椎盾和5对肋盾，前肢、后肢均有爪。蠵龟分布范围较广，在大西洋、印度洋、太平洋中均有分布，被IUCN评估为VU。

代表种 **太平洋丽龟**

太平洋丽龟成体体长约60厘米，体重一般不超过50千克，体表呈橄榄绿色，腹甲淡黄色。背甲上有5～7枚椎盾、6～9对肋盾。前肢和后肢各有一爪。太平洋丽龟和大西洋丽龟以集群产卵著称，会出现上千只雌龟聚集在同一片海滩上产卵的壮观景象。太平洋丽龟主要在太平洋和印度洋活动，但大西洋也有它们的踪迹，被IUCN评估为VU。

二 海龟的生活习性

1. 海龟的食性

海龟的大多数种类终生保持杂食性，如蠵龟、太平洋丽龟、玳瑁，它们的食物包括海藻、海草、乌贼、水母等。其中，玳瑁偏爱吃海绵，海绵占它们食物总量的70%～95%。

绿海龟的食性随着生长会发生改变。幼年时，它们是杂食性的，吃海藻、鱼卵、小型无脊椎动物等；而成年之后大多数个体成为草食性。为此，在发育过程中，它们的下颌长出了齿状突起，以适应啃食海藻和海草的习性。

棱皮龟几乎只吃水母。它们的嘴里没有牙齿，但食道内壁有大而锐利的倒刺，可以防止水母逃走，且有助于吞咽食物。

棱皮龟食道内壁的倒刺

2. 海龟的繁殖习性

每年4～10月是海龟的繁殖季节，它们来到陆地产卵。雌龟在夜间爬上海滩，挖一个深约50厘米的卵坑，产卵之后用沙子覆盖卵坑，然后回到海中。不同种类的海龟孵化期不同，一般孵化期为50～60天。

小海龟的性别取决于环境温度。在温暖环境中孵化的小海龟多为雌性，而在凉爽环境中孵化的小海龟多为雄性。大多数海龟物种的孵化发生在夜间，而大西洋丽龟在白天孵化，因而其幼体更易被捕食者发现，也更易受到人类活动的影响。

小棱皮龟

三　海龟面临的威胁

1. 海滩遭破坏

海滩的发展占据海龟筑巢的场所；人类的活动产生的噪声污染和垃圾使海龟迷失方向，挡住海龟的去路，损害海龟的健康；海滨灯光让海龟误将夜晚当成白天，扰乱它们的繁殖活动，也会使想要去往大海的小海龟迷路。

2. 天敌

成年海龟的四肢和头部极易受到凶猛鱼类的攻击，产卵后的雌龟极易成为某些大型陆生食肉动物的猎物。刚出生的小海龟面临更多威胁，鸟类以它们为食，它们也很可能落入其他海洋动物的口中。例如，澳大利亚西部海滩上小海龟死亡的主要原因之一是沙蟹的捕食。在许多动物眼里，海龟卵是绝佳的蛋白质来源，巨蜥、狐獴就常常以海龟卵为食。在一个繁殖季节里，雌龟通常产1～8窝卵，每窝50～350枚卵，以此增加后代中存活个体的数量，使种群得以延续。

3. 人类非法盗猎

海龟壳被人们制成梳子、眼镜框、首饰等，而且售价相当高。海龟肉则被用来做汤，海龟卵也被认为是野味。正是因为海龟具有极高的经济价值，所以不法分子对海龟的盗猎行为越来越猖獗，成为海龟种群数量急剧下降的主要原因。

马来西亚市场上售卖的海龟卵

四　实　验

给绿海龟喂食

1. 实验目的

了解绿海龟的形态特征和食性。

2. 实验要求

能在老师的指导下给绿海龟喂食，能说出绿海龟的形态特征。

3. 实验材料

喂食夹，白菜，新鲜的带鱼、黄花鱼，等等。

4. 实验步骤

（1）听老师讲解喂食海龟的方法，练习使用喂食夹。

（2）在海龟展区，用喂食夹夹取白菜、带鱼、黄花鱼等给绿海龟喂食。

（3）观察绿海龟的吞咽过程，观察绿海龟的形态特征。

5. 注意事项

（1）使用喂食夹要用巧劲，避免用力过大而损坏喂食夹。

（2）听从老师安排，耐心喂食，不要用喂食夹敲打绿海龟。

（3）不要用手拿饵料喂食绿海龟，避免被咬伤。

学生给绿海龟喂食

五　课后思考

(1) 青岛海底世界有哪几种海龟？

(2) 如何分辨绿海龟的雌雄？

(3) 在我国，数量最多的海龟是哪一种？

第六单元　海洋动物标本的制作

　　标本是保持实物原样或经过加工整理，供教学、研究用的动物、植物、矿物等的样品。根据实际需要，制作生物标本时既可以使用一个完整的个体，也可以使用个体的一部分。有时也会遇到需要多个个体来制作标本的情况，如制作细菌、真菌、微藻等生物的标本。

　　制作生物标本的过程是复杂的，需要细心和耐心。样品经过各种处理，如清洗、干燥、压制、防腐等，可以长久保存，对生物分类和系统发育研究、科学知识普及等具有重要的意义。制作精良的标本甚至能让动物定格于某个瞬间，真实地展现动物生活时的姿态，具有极高的科研价值和观赏价值。

陈列在德国威斯巴登博物馆的贝壳标本

陈列在青岛水族馆的海龟等动物的标本

陈列在青岛水族馆的红珊瑚标本

陈列在青岛水族馆的鲨鱼标本

陈列在青岛水族馆的龙宫翁戎螺标本

根据不同的制作方法，标本可以分为剥制标本、浸制标本、封片标本、包埋标本、冻干标本等等。像鱼类这样体表带有鳞片的动物不易做剥制标本，适合做成浸制标本。浸制标本形态逼真，不易变形，制作方法简单。本单元将以鱼类为例介绍浸制标本的制作，并在实验部分介绍糠虾封片标本的制作。

一 标本动物的选择

用于制作标本的鱼应当尽量是活体或死亡不久的个体，内脏完好，没有腐烂迹象，尤其注意鱼的身体各部位应当完整，鳞片、鳍条基本齐全。制作浸制标本时，还应当根据容器容积选择合适大小的鱼。

二 固定液的选择

制作标本时经常用到的固定液是乙醇和福尔马林。

乙醇是普遍采用的固定液，适合短期保存标本。乙醇具有较强的脱水作用和一定的脱脂作用，应根据动物样品的性质酌情处理。若单独使用，最好选用体积分数为70%的乙醇溶液，此时的脱水能力和杀菌能力均较强。乙醇也可以与福尔马林、甘油等按一定比例混合使用。

福尔马林即体积分数为40%的甲醛水溶液。它作为固定液的优点是固定速度快，杀菌能力强，固定和防腐效果好；缺点是浓度高时会导致样品硬化。制作浸制标本时，所用甲醛的浓度由样品的大小、数量和性质决定。若样品新鲜，可使用体积分数为10%的甲醛水溶液；若需长期保存标本，可使用体积分数为5%的甲醛水溶液。

三 标本的处理

在用药水处理前，若制作标本所用的鱼已经死亡，最好用纱布覆盖或包裹鱼体，以防止鱼体脱水，待开始处理标本时再除去纱布。

标本的处理有以下步骤：

（1）洗净黏附在鱼体表面的污物和黏液，并将弯曲的鱼体矫正。

（2）用注射器吸取体积分数为10%的甲醛水溶液进行腹腔注射。

（3）将鱼体平放在固定盘中，调整到所需的姿态，再用透明鱼线将鱼体捆绑固定在玻璃片上。

（4）将标本放入标本瓶，向瓶中倒入固定液，盖好盖子。

（5）在标本瓶上贴标签，标签上注明标本名称、产地、制作日期、制作人等信息。

四 标本的保存

为了使制作好的标本能长久地保存，应当注意以下几点：

（1）标本瓶的瓶口与瓶盖之间需用石蜡、火棉胶等密封剂封口。

（2）存放标本的房间应减少采光，避免阳光直射标本。

（3）应定期更换标本瓶中的固定液。

五 实 验

制作糠虾封片标本

1. 实验目的

了解糠虾封片标本的制作流程。

2. 实验要求

能在老师的指导下制作糠虾封片标本，且标本洁净、美观。

3. 实验材料

活体糠虾、中性树胶、塑料滴管、载玻片、盖玻片、吸水纸、标签纸等。

4. 实验步骤

（1）用塑料滴管吸住1~2只活体糠虾，滴在载玻片的中央。

（2）用吸水纸将糠虾周围的海水吸干，向糠虾所在位置滴一滴中性树胶。

（3）待中性树胶完全覆盖糠虾之后，轻轻盖上盖玻片。

（4）将标签纸贴在载玻片一侧，风干标本。

5. 注意事项

（1）美观起见，没有必要吸取多只糠虾，1~2只即可。

（2）适量使用中性树胶，避免用量过多造成标本制作失败。

（3）中性树胶有刺激性气味，不要将中性树胶四处涂抹。

学生制作糠虾封片标本

六　课后思考

(1) 使用福尔马林时应注意什么?

(2) 制作糠虾封片标本时，为什么选择中性树胶作为黏合剂?

(3) 你在生活中见过哪些标本?